AF542450

PRÉVISION DU TEMPS.

ALMANACH

ET

CALENDRIER MÉTÉOROLOGIQUE

POUR

L'ANNÉE 1867,

Suivi d'un Traité succinct sur l'art de pronostiquer le temps avec une certaine probabilité,

A L'USAGE

DE L'HOMME DES MERS ET DE L'HOMME DES CHAMPS ;

PAR

F.-V. RASPAIL.

PARIS
CHEZ L'ÉDITEUR DES OUVRAGES
de M. Raspail,
14, RUE DU TEMPLE, 14
(près de l'Hôtel de ville).

BRUXELLES
A L'OFFICE DE PUBLICITÉ,
LIBRAIRIE NOUVELLE,
39, Rue Montagne de la Cour, 39.

INTRODUCTION EXPLICATIVE.

§ 1.

Le mot ALMANACH nous vient de la langue arabe : il est composé de AL le, et MANECH comput ou art de compter les mois et les jours de l'année.

CALENDRIER, en latin *calendarium*, vient de *calendæ* (le jour des calendes), le premier jour de chaque mois chez les Latins, le jour des grands rendez-vous des citoyens sur le *Forum*, cette grand'place de Rome ; jour de foule au marché et à la barre de la justice ; jour enfin des grandes assemblées commerciales ou politiques. Ce mot est dérivé du vieux verbe latin *calare* qui signifiait assembler, réunir.

Les Grecs donnaient à leur calendrier le nom d'ÉPHÉMÉRIDES, mot qui est une définition comme presque tous les mots grecs ; il est dérivé de *ép* pour, *hemera* chaque jour ; ils appelaient aussi, et appellent encore leur calendrier *himerologion*, de *légô* j'enregistre, *himeras* les jours.

Le nom français *annuaire*, qui date de notre grande Révolution, aurait été préférable, surtout parce qu'il est français ; c'est le seul souvenir que le *bureau des longitudes* ait conservé de la nomenclature de cette époque, dans son *annuaire du bureau des longitudes*.

§ 2.

Le triple calendrier que nous publions joint à l'ancienne forme de tous les ALMANACHS, un premier avantage tout nouveau, qui est d'indiquer, non-seulement les quantièmes du mois et les noms du martyrologe de la religion catholique, mais encore les changements probables qui doivent s'effectuer dans les phénomènes atmosphériques aux différentes époques de chaque mois, au moyen de l'indication des phases et points lunaires et du cours du soleil ; application presque synoptique des principes de météorologie que nous avons développés dans notre *Revue complémentaire des sciences appliquées*, de 1853 à 1860 (*), et dont nous donnons le résumé succinct, mais suffisant pour la pratique, à la suite des divers tableaux qui forment le calendrier comparatif de cette année. (Voyez n° X.)

§ 3.

Nous avons mis en regard de l'ALMANACH à l'usage des catholiques ou CALENDRIER GRÉGORIEN, qui est redevenu l'ALMANACH légal en France depuis 1806, le CALENDRIER, ou plutôt l'ANNUAIRE RÉPUBLICAIN, qui fut l'ALMANACH LÉGAL pendant les treize plus glorieuses années de nos victoires et de notre rénovation sociale, c'est-à-dire du 22 septembre 1793 au 1er janvier 1806.

Notre histoire, notre jurisprudence, nos titres de propriété, nos actes de l'état civil, etc., sont pleins du souvenir de cette ère et de mentions de ces dates ; ce qui ne permet pas d'ignorer la concordance de ces deux calendriers ; une telle connaissance doit même faire partie d'une bonne éducation.

(*) *Revue complémentaire des sciences appliquées à la médecine et à la pharmacie, à l'agriculture, aux arts et à l'industrie*, par F.-V. RASPAIL. 6 vol. in-8°. 1854-1860.

D'un autre côté, ce tableau synoptique et comparatif ne servira pas peu à mettre en évidence la simplicité et l'avantage de l'un, par sa concordance avec les époques astronomiques et par la régularité de sa nomenclature; ce qui fera d'autant ressortir la bizarrerie, les contradictions, l'arbitraire des indications de l'autre, et ce qui nous montrera combien nous avons à regretter que la conspiration réactionnaire, qui depuis 1806 nous ronge jusqu'au cœur, soit venue à bout de rétablir ce calendrier suranné qu'une interruption de treize années avait fini par effacer du souvenir des habitants de cette moitié de l'Europe civilisée qui formait alors l'empire français.

Le CALENDRIER GRÉGORIEN, qui a succédé à l'ANNUAIRE RÉPUBLICAIN, n'est au fond qu'un mélange incohérent de souvenirs du paganisme et de superstitions météorologiques, où l'arbitraire irréfléchi a réglé la disposition et la nomenclature des mois et des jours. Il a en outre le grand défaut d'être une protestation illégale contre les principes de '89 qui font la base de notre droit national, grande époque qui a reconnu l'égalité des citoyens et des diverses croyances devant la loi, en sorte que nulle d'entre ces croyances ne puisse se croire en droit de s'imposer à toutes les autres. Or ce calendrier constitue une opposition flagrante avec ce principe fondamental, en assignant à chaque jour du mois, le nom d'une fête ou d'un saint que les cultes non catholiques ne reconnaissent en aucune manière. J'ai dit que ce CALENDRIER est imprégné de tous les souvenirs du paganisme et des superstitions de l'astrologie, dans la désignation des mois et des jours de la semaine : Par exemple : JANVIER est la traduction du mois païen *januarius*, mois consacré au dieu JANUS;

FÉVRIER, c'est le mois païen *februarius*, mois consacré au dieu de la fièvre ; MARS, mois consacré à MARS, dieu de la guerre; AVRIL, en latin *aprilis*, consacré à VÉNUS Aphrodite, déesse de toutes les conceptions végétales ou animales ; MAI, consacré à MAÏA, vierge qui devint mère de *Mercure* par l'opération de l'esprit de l'air (Jupiter) ; JUIN, en latin *junius*, consacré à JUNON Lucine ; JUILLET, en latin *julius*, consacré à Jules César élevé au rang des dieux après sa mort ; AOUT, en latin *augustus*, consacré à Octave à qui on décerna de son vivant le titre qu'on n'avait donné jusque-là qu'aux Dieux païens : *augustus* en latin, *sebastos* en grec.

Mais après la profanation, voici la bizarrerie de cette nomenclature des mois : chez les premiers Romains l'année qui n'avait que dix mois commençait au mois de mars, en sorte que notre mois d'août (*augustus*) étant le sixième de l'année, prenait le nom de *sextilis*, le suivant celui de septième mois (*september*), et ainsi de suite. Numa, qui était versé dans la connaissance des temps, ayant ajouté à l'année les mois de janvier et de février, et ayant commencé l'année en janvier, les cinq derniers mois conservèrent chacun leur ancien nom, quoique leur numéro d'ordre fût changé. Ainsi le mois qui suit le mois d'août s'appelle le septième mois (*september*), quoiqu'il soit devenu le neuvième; celui qui suit s'appelle le huitième (*october*), quoiqu'il soit le dixième ; le suivant s'appelle le neuvième (*november*), quoiqu'il soit le onzième; le suivant le dixième (*december*), quoiqu'il soit le douzième.

Venons-en aux jours de la semaine : l'astrologie avait donné à chaque jour de la semaine le nom d'une des sept planètes admises à cette époque où l'on croyait que le soleil tournait autour de la terre ; les astrologues pensaient que chacune de ces planètes exerçait une influence sur un des jours de la semaine qui pour cela en portait le nom. Nous aurions aujourd'hui des semaines de plus de 85 jours, s'il fallait donner à chaque jour le nom d'une planète; et le nombre de ces planètes ne tardera pas à s'élever encore. A part le *jour du soleil* (*solis dies*) (*) que les catholiques nomment dimanche (*dies dominica* ou jour du Seigneur), le CALENDRIER GRÉGORIEN a conservé tous les autres noms planétaires et païens des jours de la semaine : LUNDI (*Lunæ dies*, jour de la Lune) ; MARDI (*Martis dies*, jour de Mars); MERCREDI (*Mercurii dies*, jour de Mercure); JEUDI (*Jovis dies*, jour de Jupiter) ; VENDREDI (*Veneris dies*, jour de Vénus) ; SAMEDI (*Saturni dies*, jour de Saturne, dieu qui dévorait ses enfants comme le ferait le diable). En sorte que, dans le bréviaire des catholiques, la fête de Dieu tombe le jour consacré à Jupiter, c'est-à-dire le jeudi (*Jovis dies*, mot qui se trouve en tête de cette fête dans le bréviaire); que les fêtes de la Vierge peuvent tomber le JOUR DE VÉNUS (*Veneris dies*, pour nous servir de l'intitulé du bréviaire) ; et que le vendredi saint s'intitule dans le bréviaire *sancta dies Veneris*, le saint jour de Vénus.

Ne pensez-vous pas que, par respect pour lui-même, le catholicisme devrait demander, encore plus que nous, la réforme de ce calendrier antique et sacrilége?

Que dire de la division des mois en semaines de sept jours, nombre qui ne divise exactement que le mois de février des années ordinaires ; et que dire de ces mois qui ont tantôt 28, tantôt 29, 30, et 31 jours? que dire d'une année qui commence onze à douze jours après

(*) Les Anglais lui ont conservé cette dénomination; ils appellent notre dimanche *sunday* (*day* jour, *sun* du soleil).

le solstice d'hiver? et pour quelle raison? parce que l'a voulu ainsi le caprice du roi Charles IX, ou qu'on l'a fait vouloir à ce roi que l'histoire n'excuse d'avoir été égorgeur de ses sujets que parce qu'il n'avait pas toute sa tête pour porter une couronne.

Il est impossible, convenez-en, de réunir plus d'incohérences, d'inconséquences, de notions erronées et de rapprochements indécents que ne le fait une telle distribution des mois et des journées.

§ 4.

Après avoir fait table rase de tous les abus passés, la grande Convention ne pouvait pas en laisser subsister un qui jurait tant contre l'esprit des institutions nouvelles. Elle confia à une commission un projet de CALENDRIER que le savant et infortuné Romme venait de soumettre à la haute sanction nationale; et, sur le rapport de Fabre d'Eglantine, au nom du Comité d'instruction publique, la Convention nationale, dans les séances des 14 vendémiaire (5 octobre), 3 et 19 brumaire (24 octobre et 9 novembre) de l'an IIe de la République française (année 1793 vieux style), décréta que l'ère des Français comptait de la fondation de la République qui avait eu lieu le 22 septembre 1792 de l'ère vulgaire, jour où le soleil était arrivé à l'équinoxe vrai d'automne ; et elle adopta comme étant obligatoire sur tout le territoire français, l'ANNUAIRE dont Romme avait soumis le plan au Comité d'instruction publique.

Dans cet annuaire, l'année commence à l'équinoxe d'automne. Les mois sont tous de 30 jours; et les jours restant pour compléter le nombre de 365 de l'année ordinaire et de 366 les années quaternaires (*années bissextiles* de l'ancien style), étaient consacrés à des fêtes nationales, sous le nom de jours *sans-culottides*, mot de circonstance qui ne tarda pas à être remplacé avec juste raison par celui de jours *complémentaires*.

Le mois était divisé, comme chez les Grecs, en décades, jours de vacations de l'État qui n'étaient rien moins qu'obligatoires pour les particuliers, jours de repos indiqués plutôt qu'imposés aux citoyens travailleurs.

Les noms donnés aux jours de la décade étaient tirés de leur rang d'ordre : PRIMIDI (de *prima dies*), premier jour de chaque décade ; DUODI, second jour ; TRIDI, troisième jour ; QUARTIDI (*quarta dies*), quatrième jour ; QUINTIDI (*quinta dies*), cinquième jour ; SEXTIDI (*sexta dies*), sixième jour ; SEPTIDI (*septima dies*), septième jour ; OCTIDI (*octava dies*), huitième jour ; NONIDI (*nona dies*), neuvième jour ; DECADI (*decima dies*), dixième jour ou DÉCADE.

Chaque-saison se comptait de l'un des équinoxes à un des solstices et *vice versâ* et se composait ainsi de trois mois. Les mois de chaque saison ou trimestre avaient une même terminaison spéciale jointe à un radical exprimant le principal phénomène météorologique ou agricole du mois : la terminaison AIRE pour les trois mois d'automne ; ÔSE pour les trois mois d'hiver ; AL pour les trois mois du printemps ; et DOR pour les trois mois de l'été. VENDÉMIAIRE (du 23 septembre au 22 octobre pour la présente année 1867), (de *vindemia*), mois consacré aux vendanges ; BRUMAIRE (du 23 octobre au 21 novembre), mois des brumes ou mois brumeux ; FRIMAIRE, (du 22 novembre au 21 décembre), mois des frimas ou grands froids ; NIVÔSE (du 22 décembre au 20 janvier), (de *nivis*), mois de la neige ; PLUVIÔSE (du

21 janvier au 19 février), mois des pluies ; **VENTÔSE** (du 20 février au 21 mars pour les années ordinaires), mois des giboulées et du vent) ; **GERMINAL** (du 22 mars au 20 avril), mois où tout commence à germer ; **FLORÉAL** (du 21 avril au 20 mai), où tout commence à fleurir; **PRAIRIAL** (du 21 mai au 19 juin), mois où l'on fauche les prairies; **MESSIDOR** (du 20 juin au 19 juillet) mois de la moisson (*messis* en latin); **THERMIDOR** (du 20 juillet au 18 août), mois des grandes chaleurs (*thermos* en grec); **FRUCTIDOR** (du 19 août au 17 septembre), mois de la maturité des fruits; à la suite, 4 jours complémentaires (du 18 au 22, ou au 23 septembre les années bissextiles). Il ne vous faudra pas grand temps pour voir que cet annuaire concordait avec toutes les époques astronomiques et agricoles, et réglait le temps avec uniformité et exactitude.

La Convention adopta en outre un autre genre d'innovation proposé par le savant Romme, et à laquelle le Comité d'instruction publique avait applaudi d'une voix unanime. Ce fut de remplacer l'indication d'un nom de saint, nom le plus souvent apocryphe, par le nom d'une plante à semer ou à récolter ce jour-là, d'une opération agricole destinée à fertiliser le sol, etc. : Espèce d'**AGENDA AGRICOLE** et comme de table des matières que chaque instituteur devait traiter en première ligne chaque jour dans le sein de nos écoles primaires. Le *quintidi* portait le nom d'un animal utile et le *decadi* celui d'un instrument aratoire. Les ennemis de notre immortelle Révolution accueillirent de leurs lazzis habituels une pareille innovation; et ils n'ont cessé depuis de vouloir faire croire que la Convention avait eu en vue de substituer le culte d'une plante, d'un animal et d'un instrument à celui des saints; en sorte que chaque citoyen eût été tenu de changer ses prénoms en celui d'un des objets inscrits sur le Calendrier; que, par exemple, Mlle Cunégonde ou Radegonde se vît forcée de s'appeler Mlle Marjolaine ou Carotte; M. Cucufin, Babylas, Pantaléon, Bonaventure, etc., fût forcé de s'appeler Cerisier ou Navet. Ces braves gens trouvaient mauvais que certains noms si communs en France sans que personne en rie devinssent prénoms : car où ne rencontrait-on pas alors comme aujourd'hui des familles fort estimées de tous et qui portaient les noms de Poirier, Pommier, Froment, Cardon, Chardon, Pinson, Poisson, Requin, Balais, l'Écluse, Moulin, Duchat, Duchien, Cheval, Lebœuf, Hérisson, Lecoq, Dugazon et Cochon même (dont quelques-uns ont cru devoir faire Cochin), Abeille, Maison, Delaporte ou Porte, Duportail, Luchet, Corne, Cornac, Cornu, etc.? L'homme fait son nom; par sa conduite, il ennoblit le plus vilain! En prononçant le grand nom de Cicéron, qui va se rappeler qu'il vient de pois chiche (*Cicer* en latin), dont un de ses ancêtres portait comme l'image sur le nez? Un des meilleurs généraux romains s'honorait du sobriquet *Scrofa* (truie), que lui avaient donné ses soldats, en souvenir d'une circonstance de la plus belle de ses victoires. Et d'un autre côté quels noms sont devenus plus illustres que ceux de Corneille et de Racine? Mais enfin il était évident que la Convention n'avait pas même prévu qu'un pareil enfantillage pût entrer dans la plus petite des cervelles humaines du plus fat des muscadins et incroyables du temps. Elle laissait à chaque père le soin de dénommer son enfant comme il l'entendrait; et ce qui est remarquable, c'est que tous les parents donnèrent dès cette époque, à leurs nouveau-nés, au lieu des prénoms empruntés à l'*Agenda agricole* du calendrier, les noms des grands hommes de l'antiquité qui s'étaient distingués par leur dévouement à la patrie et à l'humanité.

L'idée d'un *agenda agricole* dans le but de régler les leçons de chaque jour, était si bien celle de la Convention que, dès la promulgation du décret, Millin (qui venait de changer ses prénoms en celui d'Eleuthérophile ou ami de la liberté), joignit à son *Annuaire du républicain pour l'an IIe de la République*, un cours complet d'économie rurale, renfermant pour chaque jour un petit traité succinct, mais substantiel, sur chaque chose dont le nom est inscrit à l'agenda du calendrier républicain. Ce cours, à l'usage des instituteurs primaires ou des parents, sous le titre de *Légende physico-économique*, occupe 354 pages de son livre (*).

(*) *Annuaire du républicain ou légende physico-économique*, avec l'explication des 372 noms imposés aux mois et aux jours; ouvrage dont la lecture journalière peut donner aux jeunes citoyens et rappeler aux hommes faits les connaissances les plus nécessaires à la vie commune et les plus applicables à l'économie domestique et morale, aux arts et au bonheur de l'humanité. *On y a joint le Rapport et l'instruction du comité d'instruction publique, dans laquelle se trouve la nouvelle division décimale des jours et des heures;* par ELEUTHÉROPHILE MILLIN, professeur de zoologie à la société d'histoire naturelle et au lycée des Arts; in-12 de LX-XXXIV-360 pages. Paris, chez Marie-François Drouhin, rue Christine, nº 2, l'an II de la République française.

(Nous avons eu à cœur de transcrire en entier ce titre si long, afin de couper court aux stupides lazzis que la réaction n'a cessé de propager depuis cette époque).

Pour surcroît de preuves enfin, dans *l'Annuaire* officiel ou *Calendrier pour la* IIe *année de la République française*, que la Convention joignit à son décret du 4 frimaire an II, qui fonda l'ère nouvelle, la colonne, que nous intitulons *Agenda agricole*, porte en tête la rubrique suivante: *Productions naturelles et instruments de travail.*

§ 5

Ne croyez pas que ce soient ces lazzis qui aient suggéré à Napoléon la malencontreuse idée de rétablir l'absurde *Calendrier grégorien* dont personne ne se souvenait plus en France à cette époque; c'était tout simplement une concession de plus qu'il faisait au parti prêtre qui le poussait déjà à sa perte, en l'amenant à rétablir peu à peu un passé avec lequel l'origine du pouvoir nouveau était incompatible.

Les orateurs du gouvernement, Regnauld (de Saint-Jean-d'Angély) et Mounier, chargés de l'épineuse mission de présenter au Sénat les motifs du sénatus-consulte qui rétablissait le *Calendrier grégorien* à partir du 1er janvier 1806, s'acquittèrent de ce soin, dans la séance du 15 fructidor an XIII (2 septembre 1805), avec des formes de langage et une timidité d'allégations qui démontraient l'effort qu'ils faisaient sur eux-mêmes, pour dissimuler leurs regrets et leur répugnance sous le voile du motif secret de la substitution. Quand au rapporteur de la commission chargée d'examiner les motifs de ce Sénatus-consulte, il dut sentir monter plus d'une fois au front du sénateur Laplace le rouge des souvenirs du citoyen Laplace, lui qui avait tant acclamé l'institution du *Calendrier républicain* à l'époque où ce savant venait, à la barre de la Convention, jurer haine éternelle à la royauté, en tête d'une députation civique.

Les raisons que ce Sénateur apporta en faveur de l'abolition du *Calendrier républicain* semblent tout autant d'abjurations de la science et de ces sortes de rétractations que Galilée fut contraint et forcé de faire à genoux, sous la pression manuelle des agents de ce sacré collége des cardinaux qu'a flétris l'histoire.

En effet la seule raison que Laplace alléguait en faveur de son opinion, je ne dirai pas personnelle, c'est que l'intercalation au minuit qui précède l'équinoxe vrai d'automne offrait un inconvénient pour la chronologie; défaut que, d'après lui, la Convention aurait entrevu elle-même, avec l'intention de le faire plus tard disparaître, ce qui, ajoute-t-il, n'offrait aucune difficulté!

Mais les deux autres motifs qu'il apportait en faveur du rétablissement du *Calendrier grégorien* sont d'une telle futilité, qu'on a de la peine à y croire en le lisant de ses propres yeux.

Le sénateur Laplace osait dire qu'il préférait à la division par décades, la division par semaines; et cela parce que, d'après lui, *la semaine, depuis la plus haute antiquité, aurait circulé* (sic) *sans interruption à travers les siècles*; comme s'il avait pu ignorer que la DÉCADE avait circulé dès la plus haute antiquité à travers les siècles de l'histoire grecque; et comme si une aussi mauvaise raison ne tendait pas à faire substituer, au système de Copernic, le système de Ptolomée et l'idée que le soleil tourne autour de la terre, idéequi a circulé dès la plus haute antiquité jusqu'à la réhabilitation de la mémoire de Galilée.

La seconde raison que Laplace apporte, fort timidement il est vrai, c'est l'embarras que le *Calendrier républicain* produisait dans les relations extérieures de la France, les nations ennemies ou rivales se refusant à l'adopter. Cette raison militait autant contre le *Calendrier grégorien* que contre le *Calendrier républicain*, le *Calendrier grégorien* n'ayant été adopté que fort tard en Angleterre, et étant encore aujourd'hui repoussé par la moitié de l'Europe qu'occupe la Russie, par les peuples de l'Afrique et par tous ceux de l'Asie; tandis qu'à l'époque où parlait Laplace, le *Calendrier républicain* était en pleine vigueur depuis près de treize ans, en Belgique, en Hollande, dans les Deux-Ponts, en Westphalie, dans la Lombardie, dans toute la botte d'Italie, dans les îles Ioniennes, etc., enfin sur toute cette vaste surface de la carte de l'Europe que la France avait soumise à ses lois. Qu'importait du reste à la généralité des Français que les nations ennemies ou rivales n'adoptassent pas son calendrier? cela ne pouvait regarder que le commerce et la diplomatie, qui retrouvent toujours bien le moyen de faire concorder les dates, comme on s'y prend encore à l'égard de la Russie qui ne règle pas ses jours comme nous. Au reste, cette raison impliquait du même coup la nécessité d'abroger notre système décimal, que les nations ennemies ou rivales n'ont pas toutes adopté encore de nos jours. O souplesse et versatilité de l'homme, combien tu fais peine dans un savant!!!

Les orateurs du gouvernement s'étaient tenus à la hauteur de la science et du sentiment de leur dignité personnelle, alors que Laplace faisait si bon marché de l'une et de l'autre; ils n'épargnaient pas la critique, et une critique sévère, au *Calendrier grégorien*, tout en demandant l'abolition du *Calendrier républicain*, par des motifs de convenance sous lesquels ils dissimulaient les motifs secrets; et ils terminaient leur mission par le vœu suivant qu'il est bon de transcrire:
« Un jour viendra, ne craignaient-ils pas de dire, où l'Europe calmée, rendue à la paix, à ses concep-

tions utiles, à ses études savantes, sentira le besoin de perfectionner ses institutions sociales, de rapprocher les peuples, en leur rendant ces institutions communes ; où elle voudra marquer une ère mémorable par une manière générale et plus parfaite de la mesure du temps ; alors un nouveau calendrier pourra se composer pour l'Europe entière, pour l'univers politique et commerçant, des débris perfectionnés de celui auquel la France renonce en ce moment, afin de ne pas s'isoler du milieu de l'Europe. »

Nulle époque, autre que l'époque actuelle, ne nous semble plus propice pour la réalisation de ce vœu ; car nulle époque n'a plus multiplié que la nôtre les points de contact entre les diverses nationalités du globe.

Les savants contemporains de cette première reculade de Laplace, se gardèrent bien de suivre un exemple aussi affligeant, et ils ne se firent pas faute d'appliquer à cette concession l'épithète qu'elle méritait. Sous la Restauration même, alors que l'ambition de Laplace était à son apogée et avait pour cortége une plérade de complaisants et de flatteurs, alors que le soi-disant libéral François Arago ne se lassait pas d'attaquer, de ses pâteux lazzis, l'œuvre de la Convention nationale, nous retrouvons un savant utile et classique, L.-B. Francœur, qui, tout professeur qu'il était de la faculté des sciences de Paris et de l'école normale, n'hésitait pas, dès 1818 (en pleine Restauration de 1815), à consigner, dans son *Uranie ou Traité élémentaire d'Astronomie* (pag. 105), la protestation suivante contre le malencontreux rétablissement du *Calendrier grégorien* : « On conçoit difficilement, dit-il, que, par respect pour quelques usages du paganisme et par d'autres motifs aussi peu fondés, les hommes se soient soumis à une aussi bizarre convention. La durée inégale des mois, la distribution des épactes, la mobilité des fêtes, tout porte dans ce calendrier le caractère de la plus étrange et la plus inutile complication. Il n'y a pas même jusqu'à l'intercalation qu'on ne soit tenté de regarder comme superflue; cependant soumettons-nous à la volonté générale, jusqu'à ce qu'on ait prononcé un arrêt philosophique.»

C'est pour satisfaire cette volonté générale des personnes qui identifient le *Calendrier grégorien* avec leur culte, que nous le donnons ici en tête avec tout l'appareil de ses moindres détails, tout en ayant soin de mettre en regard l'*Annuaire* et l'*Agenda agricole* du *Calendrier républicain* adapté à cette année.

§ 6

A la suite de ce double calendrier et sous la rubrique de CALENDRIER MÉTÉOROLOGIQUE, nous avons consacré : la sixième colonne à la concordance des jours du mois lunaire avec les jours du mois solaire des deux calendriers grégorien et républicain ; la septième colonne à la notation des phases lunaires; et la huitième à celle des points lunaires et solaires, qui, dans notre *nouveau système de météorologie* (n° X), sont tout autant d'époques de changement de temps (Voyez l'explication de l'abréviation des noms de ces époques, et les définitions de leurs dénominations au n° V de ce livre, page 23).

§ 7

Dans les deux almanachs de 1865 et 1866, à la suite du triple calendrier, nous avions placé le *Calendrier ou éphémérides des hommes et événements cé-*

lèbres, espèce de canevas d'un cours historique que l'instituteur doit joindre au cours agricole dont nous parlerons plus bas (page 40). Chaque jour de l'année y était marqué de l'événement mémorable qui a eu lieu à cette date et des noms des hommes célèbres dont la mort est arrivée ce jour-là ; hommes célèbres par leurs vertus ou par leurs vices, exemples à suivre et écueils à éviter. Comme nous n'aurons que fort peu de chose à ajouter à ce chapitre cette année, nous nous contenterons de renvoyer sur ce point nos lecteurs aux almanachs des deux années précédentes.

Nous renvoyons à la suite du *Traité de météorologie* (n° X) les spécimens de leçons quotidiennes sur l'histoire. Le sujet de la leçon de l'année passée a été la *bataille de Waterloo*, le secret de cette victoire apparente et ses tristes conséquences sur les destinées de notre malheureux pays. La leçon de cette année aura également pour objet, un des événements appartenant à l'histoire du passé et interprétés d'une manière toute nouvelle, mais d'après des documents authentiques et restés jusqu'à ce jour dans l'oubli.

§ 8

Les années précédentes, nous avons relégué à la suite du *Traité de météorologie*, les applications des principes nouveaux que nous y avons développés, c'est-à-dire, la prévision des bons et mauvais jours de chaque mois, puis la prévision de la physionomie de chaque mois d'après les tables de l'abbé Cotte, enfin la série des observations quotidiennes faites à l'Observatoire de Paris, en l'année 1809, année qui, dans le cycle lunaire de 19 ans, correspondait à l'année précédente 1866, et devait ramener aux mêmes jours les mêmes phases et points lunaires, et qui, par conséquent, avec une certaine probabilité, et en tenant compte des discordances des périgées et des apogées, enfin de l'apparition d'une comète, devait chaque jour reproduire les phénomènes météorologiques de la dix-neuvième précédente année.

Alors cet ordre, dans la distribution des matières était rationnel, la théorie précédant les applications.

Si nous intervertissons cet ordre cette année-ci, c'est que nous croyons nos lecteurs assez au courant, par une étude de deux ans, des principes de notre nouveau système, pour être en état d'en faire l'application immédiate, et d'avoir recours à ce traité, toutes les fois qu'ils éprouveraient une difficulté.

Nous avons donc pris le parti de placer à la suite de notre *Triple calendrier grégorien, républicain et météorologique*, le tableau de la prévision des oscillations barométriques et thermométriques, du mauvais temps sur mer et fortes marées, pour chaque mois de cette année 1867, d'après les principes de notre nouveau système de météorologie.

A la suite de ce numéro vient le tableau de la physionomie de chaque mois, dressé d'après le travail de l'abbé Cotte dont il faudra tenir compte, avec les modifications que nous indiquons dans la préface de notre *Traité de météorologie*. Enfin à la suite de ce tableau, nous plaçons les observations météorologiques faites à l'*Observatoire de Paris en* 1810, année qui, dans le cycle lunaire de 19 ans, correspond à l'année présente 1867, laquelle doit probablement en reproduire les principaux phénomènes, si l'on tient compte de la discordance des périgées et des apogées et de l'apparition indéterminée d'une comète.

L'ordre que nous suivons cette année nous paraît plus usuel et plus comparatif.

§ 9

Vient ensuite notre *Traité de météorologie* fondé sur plus de 17 ans d'observations de jour et de nuit, et dont les principes, divulgués depuis 1854, ont ouvert à la météorologie une ère nouvelle, et ont donné à cette branche de connaissances humaines, si négligée jusqu'à ce jour par les savants patentés, une impulsion si bruyante. Il a été augmenté cette année de considérations toutes nouvelles.

Les notices historiques et sujets de méditation termineront notre petit ouvrage.

N. B. Aurons-nous cette année le même succès que les deux années précédentes? Nous avons tout fait pour le mériter. Mais, avec les ressources de publicité qu'ont à leur disposition les ennemis occultes de la libre science et de la libre pensée, si bien organisés pour l'extinction des lumières et l'abêtissement ou l'intimidation de l'esprit public, nous qui combattons seul et tenons à honneur de n'appartenir à aucune coterie, notre tâche est d'ouvrir de nouvelles voies à l'intelligence, sans regarder en arrière pour savoir qui nous suit et nous acclame; nous faisons part à tous du fruit de nos travaux et du capital de nos études, sans nous occuper davantage du profit qui peut nous en revenir: *mutuum date, nihil inde sperantes.*

N° I.

L'année 1867 correspond :

Aux neufs derniers mois de l'an LXXV et aux trois premiers mois de l'an LXXVI de l'ère républicaine qui commence au 22 septembre 1792 ;

A l'année 6580 de la période julienne ;

A la 2643e des olympiades ;

A l'an 2620 de la fondation de Rome, d'après Varron ;

A l'an 1283 de l'Hégire des Turcs qui commence le 16 mai 1866, et à l'an 1284 qui commence le 5 mai 1867.

N° II.

COMPUT ECCLÉSIASTIQUE		QUATRE TEMPS	
Nombre d'or en 1867....	6	Mars.............	13,15 et 16
Épacte..................	XXV	Juin..............	12,14 et 15
Cycle solaire............	28	Septembre.......	18,20 et 21
Indiction romaine........	10	Décembre.........	18,20 et 21
Lettre dominicale.......	F		

Fêtes mobiles des chrétiens.

Septuagésime .	17 février	Pentecôte.......	9 juin
Cendres	6 mars	Trinité..........	16 juin
Pâques (*).....	21 avril	Fête-Dieu.......	20 juin
Rogations.....	27, 28 et 29 mai	1er dimanche	
Ascension.....	30 mai	de l'Avent.......	1 décembre

(*) La pâque des Israélites tombe cette année 1867, le 18 avril (et bien près du 19) qui coïncide avec la pleine lune ou 14e jour de la

N° III.

PRINTEMPS..	le 21 mars à 1 h. 55 m. du matin.
ÉTÉ........	le 21 juin à 10 h. 28 m. du soir
AUTOMNE....	le 23 septembre à 0 h 51 m. du soir.
HIVER......	le 22 décembre à 6 h. 56 m. du matin.

N° IV.

Il y aura en 1867 deux éclipses de soleil et deux éclipses de lune :

Le 6 mars, éclipse annulaire de soleil, partielle pour Paris, de 8 h. 23 m. à 11 h. 3 m. du matin.

Le 20 mars, éclipse partielle de lune, invisible à Paris.

Le 29 août, éclipse totale de soleil, invisible à Paris.

Les 13 et 14 septembre, éclipse partielle de lune, visible à Paris de 11 h. 6 m. du soir à 2 h. 4 m. du matin.

lune qui suit le 20 mars. Pour les catholiques, la pâque ne sera célébrée que le 21 avril, qui est le dimanche suivant : les catholiques ne veulent pas célébrer cette fête en même temps que les Juifs; inconséquence de l'intolérance que professent les gens qui tiennent tant à marcher sur les traces de Jésus. Car Jésus, qui est mort Juif et circoncis, avait chaque année célébré la pâque le 14 de la lune qui suit l'équinoxe du printemps, pour obéir, ainsi que ses coreligionnaires, à la loi de Moïse.

N° V

EXPLICATION DES ABRÉVIATIONS ET SIGNIFICATION DES MOTS EMPLOYÉS DANS LES DIVERS CALENDRIERS DE CE LIVRE.

Conjug. — Conjugaison, époque à laquelle la lune et le soleil sont dans le plan du même degré de latitude terrestre, c'est-à-dire au même degré de déclinaison.

Eq. L. — Equilune, époque à laquelle la lune se trouve sur la ligne équinoxiale ou équateur, c'est-à-dire à 0° de déclinaison.

Equinoxe. — Époque à laquelle le soleil se trouve sur la ligne équinoxiale, c'est-à-dire à 0° de déclinaison, de manière que les nuits (*noctes*) soient égales (*æquæ*) aux jours. Le soleil passe deux fois chaque année sur cette ligne; l'une qui détermine le commencement de la saison du printemps (*équinoxe du printemps*) et l'autre celui de la saison d'automne (*équinoxe d'automne*).

L. A. — Lunestice austral, époque à laquell e la lune a atteint son plus haut degré de déclinaison ou sa plus grande distance de l'équateur dans la région australe du ciel.

L. B. — Lunestice boréal, époque à laquelle la lune a atteint son plus haut degré de déclinaison ou sa plus grande distance de l'équateur dans la région boréale du ciel.

N. L. — Nouvelle lune (*néoménie*), lune en conjonction avec le soleil; époque où la lune et le soleil se trouvent sur la même longitude.

P. L. — Pleine lune, lune en opposition diamétrale

avec le soleil, c'est-à-dire se trouvant à 180° de la longitude du soleil.

N. B. On appelle ces deux phases les Syzygies.

P. Q. — PREMIER QUARTIER, époque où la lune passe au méridien à 6h du soir, et où sa moitié éclairée regarde le couchant.

D. Q. — DERNIER QUARTIER, époque où la lune passe au méridien à 6h du matin et où sa moitié éclairée regarde le levant.

N. B. Dans les QUARTIERS, les longitudes de la lune et du soleil diffèrent de 90°; on les appelle aussi les QUADRATURES, vu que la distance de 90° est le quart du cercle divisé en 360°.

SOLSTICE. — Époque où le soleil a atteint son plus haut degré de déclinaison, c'est-à-dire sa plus grande distance de la ligne équinoxiale, soit dans la région boréale (*solstice d'été* où commence la saison de l'été), soit dans la région australe (*solstice d'hiver* où commence la saison de l'hiver).

APOGÉE. — Époque où le soleil et la lune sont à leur plus grande distance de la terre.

PÉRIGÉE. — Epoque où le soleil et la lune sont à leur moindre distance de la terre. Dans le Calendrier météorologique, ces deux indications ne s'appliquent qu'à la lune. Les périgées et apogées reviennent à peu près aux mêmes époques de l'année solaire tous les 9 ans, ou mieux tous les 18 ans.

j. = Jour.

h. = Heure.

m. = Minute.

° (en haut d'un chiffre) = Degré de la division adoptée

pour la mesure du cercle ou d'un instrument météorologique. — Exemple : 20° de lat. = vingtième degré du cercle méridien divisé en 360 parties égales ; — 20° centigrade = vingtième degré du tube thermométrique sur lequel la distance du point de la glace fondante au point d'ébullition a été divisée en cent parties égales.

PHASES. — Ce mot qui signifie en grec *apparences* sert à désigner les *syzygies* et les *quadratures*, ces quatre principaux aspects de la lune.

POINTS LUNAIRES. — Ce mot désigne, outre la conjugaison, les positions de la lune qui sont analogues aux équinoxes et aux solstices.

Bar. — BAROMÈTRE, instrument destiné à mesurer la hauteur ou pesanteur de la colonne ou cône atmosphérique, par la hauteur de la colonne de mercure qui lui fait contre-poids (du grec *baros* pesanteur et *metron* mesure).

Ther. — THERMOMÈTRE, instrument destiné à évaluer l'élévation ou l'abaissement de la température de l'air (de *thermè* chaleur et *metron* mesure).

Météorologique (Calendrier). — Partie du calendrier qui indique les phases et les points lunaires, comme points de repère pour prévoir avec une certaine probabilité les changements et phénomènes atmosphériques.

Mois solaire. — Nombre de jours variable de 28 à 31 dans le Calendrier grégorien ou Calendrier catholique, et invariable (de 30 jours) dans le Calendrier républicain.

Mois lunaire synodique. — Nombre de jours et heures

que la lune met à revenir en conjonction avec le soleil; ces mois lunaires sont presque alternativement de 29 et de 30 jours dans les calendriers, vu que le mois synodique est de 29 jours 12^h 44^m environ.

Mois lunaire périodique. — Nombre de jours et heures que la lune met à faire le tour du zodiaque, c'est-à-dire à revenir au point du zodiaque d'où elle était partie. Ce mois est de 27 jours 7^h 45^m environ. C'est pour nous le vrai mois météorologique, celui qui reproduit aux mêmes époques les mêmes dépressions atmosphériques, c'est-à-dire qui détermine les mêmes tendances à l'élévation ou à l'abaissement de la colonne barométrique. Il est rationnel de le compter d'un lunestice austral (L. A.) à l'autre. Les lunestices reviennent à peu près aux mêmes époques de l'année solaire tous les 19 ans.

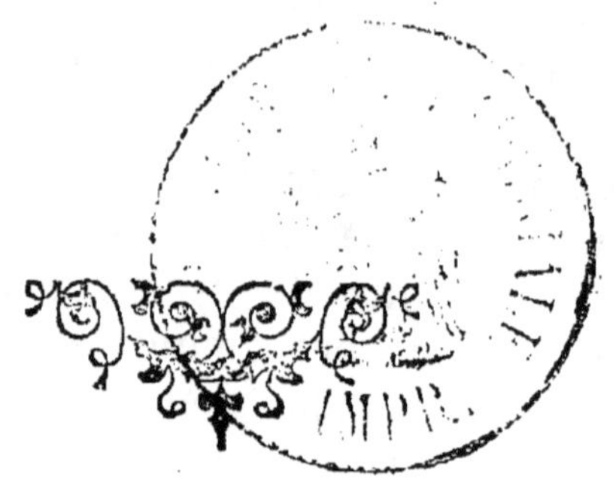

N° VI

CONCORDANCE

OU

TRIPLE CALENDRIER

GRÉGORIEN,

RÉPUBLICAIN

ET

MÉTÉOROLOGIQUE (*);

POUR L'ANNÉE 1867.

(*) Le *Calendrier grégorien* est le calendrier légal en France depuis 1806. Le *Calendrier républicain* a été le calendrier légal de 1792, ou plutôt 1793, jusqu'en 1806 : c'est-à-dire pendant près de treize ans d'exercice sur toute l'étendue du territoire français d'alors.

An 1867 — CALENDRIER GRÉGORIEN			An LXXV — CALENDR. RÉPUBLICAIN ET AGENDA AGRICOLE			J. lunair.	Phases lunaires.	Points lunaires et solaires.
JANVIER			**NIVOSE**					
1	mar.	CIRCONCISION.	11	prim.	Poix.	26		
2	mer.	st Basile, év.	12	duodi.	Argile.	27		Apogée.
3	jeudi	ste Geneviève	13	tridi.	Ardoise.	28		
4	ven.	st Rigobert.	14	quart.	Grès.	29		L. A.
5	sam.	st Siméon.	15	quint.	LAPIN.	30		
6	dim.	LES ROIS.	16	sextidi	Silex.	1	N. L.	
7	lundi	ste Mélanie.	17	septidi	Marne.	2		
8	mar.	st Lucien.	18	octidi.	Pierre à ch.	3		
9	mer.	st Pierre, év.	19	nonidi	Marbre.	4		
10	jeudi	st Paul, her.	20	DÉCADI	VAN.	5		
11	ven.	st Théodose.	21	prim.	Pierre à pl.	6		
12	sam.	st Arcade, mr	22	duodi.	Sel.	7		Éq. L.
13	dim.	Bapt. de J.-C.	23	tridi.	Fer.	8	P. Q.	
14	lundi	st Hilaire, év.	24	quart.	Cuivre.	9		
15	mar.	st Maur, abb.	25	quint.	CHAT.	10		
16	mer.	st Guillaume.	26	sextidi	Étain.	11		
17	jeudi	st Antoine, ab.	27	septidi	Plomb.	12		
18	ven.	C. de st Pier.	28	octidi.	Zinc.	13		L. B.
19	sam.	st Sulpice, év.	29	nonidi	Mercure.	14		Périgée.
20	dim.	st Sébastien.	30	DÉCADI	CRIBLE.	15	P. L.	
			PLUVIOSE					
21	lundi	ste Agnès, vge	1	prim.	Lauréole.	16		
22	mar.	st Vincent.	2	duodi.	Mousse.	17		
23	mer.	st Ildefonse.	3	tridi.	Fragon.	18		
24	jeudi	st Babylas.	4	quart.	Perce-neige.	19		Éq. L.
25	ven.	C. de st Paul.	5	quint.	TAUREAU.	20		
26	sam.	ste Paule, vve	6	sextidi	Laur.-thym.	21		
27	dim.	st Julien, év.	7	septidi	Amadouvier	22	D. Q.	
28	lundi	st Charlemag.	8	octidi.	Mézéréon.	23		
29	mar.	st Fr. de Sal.	9	nonidi	Peuplier.	24		
30	mer.	ste Bathilde.	10	DÉCAD	COIGNÉE.	25		Conjug.
31	jeudi	ste Marcelle.	11	prim.	Ellébore.	26		Apogée.

PHASES LUNAIRES	POINTS LUNAIRES	
N. L. le 6 à minuit 39 m.	L. A. le 4 à 8 h. du soir.	Eq. L. le 24 à 6 h. du s.
P. Q. le 13 à 4 h. 43 m. du soir.	Eq. L. le 12 à 2 h. du m.	Conj. le 30 entre 10 et 11 h. s.
P. L. le 20 à 7 h. 45 m. du matin.	L. B. le 18 à 10 h. du m.	
D. Q. le 27 à 2 h. 57 m. du soir.		

An 1867 — CALENDRIER GRÉGORIEN		An LXXV — CALENDR. RÉPUBLICAIN ET AGENDA AGRICOLE			J. lunair.	Phases lunaires.	Points lunaires et solaires.
FÉVRIER		**PLUVIOSE**					
1 ven.	st Ignace.	12	duodi.	Brocoli.	27		L. A.
2 sam.	PURIFICATION.	13	tridi.	Laurier.	28		
3 dim.	st Blaise.	14	quart.	Aveline.	29		Conjug.
4 lundi	st Gilbert.	15	quint.	VACHE.	30	N. L.	
5 mar.	ste Agathe.	16	sextidi	Buis.	1		
6 mer.	st Waast, év.	17	septidi	Lichen.	2		
7 jeudi	st Romuald.	18	octidi.	If.	3		Éq. L.
8 ven.	st Jean de M.	19	nonidi	Pulmonaire.	4		
9 sam.	ste Apolline.	20	DÉCADI	SERPETTE	5		
10 dim.	ste Scholasti.	21	prim.	Thlaspic.	6		
11 lundi	st Séverin.	22	duodi.	Thymélée.	7		
12 mar.	st Mélèce.	23	tridi.	Chiendent.	8	P. Q.	
13 mer.	st Grégoire.	24	quart.	Traînasse.	9		
14 jeudi	st Valentin.	25	quint.	LIÈVRE.	10		L. B.
15 ven.	st Faustin.	26	sextidi	Guède.	11		Périgée.
16 sam.	st Flavien.	27	septidi	Noisetier.	12		
17 dim.	st Théodule.	28	octidi.	Ciclamen.	13		
18 lundi	st Siméon.	29	nonidi	Chélidoine.	14	P. L.	
19 mar.	st Boniface.	30	DÉCADI	TRAINEAU.	15		
		VENTOSE					
20 mer.	st Éleuthère.	1	prim.	Tussilage.	16		
21 jeudi	st Pépin.	2	duodi.	Cornouiller.	17		Éq. L.
22 ven.	ste Isabelle.	3	tridi.	Violier.	18		
23 sam.	st Méraut.	4	quart.	Troène.	19		Conjug.
24 dim.	st Mathias.	5	quint.	Bouc.	20		
25 lundi	st Nicéphore.	6	sextidi	Asaret.	21		
26 mar.	st Nestor.	7	septidi	Alaterne.	22	D. Q.	Apogée.
27 mer.	st Léandre.	8	octidi.	Violette.	23		
28 jeudi	ste Honorine.	9	nonidi	Marceau.	24		L. A.

PHASES LUNAIRES	POINTS LUNAIRES	
N. L. le 4 à 6 h. 25 m. du soir.	L. A. le 1 à 4 h. du mat.	Eq. L. le 21 à 4 h. du mat.
P. Q. le 12 à 4 h. 49 m. du matin	C. le 3 ent. 6 et 7 h. du m.	C. le 23 vers 7 h. du s.
P. L. le 18 à 7 h. 50 m. du soir.	Eq. L. le 8 à 8 h. du m.	L. A. le 28 à 1 h. du s.
D. Q. le 26 à 11 h. 42 m. du matin.	L. B. le 14 à 7 h. du s.	

An 1867			An LXXV			Calendrier météorol.		
Calendrier grégorien			Calendr. républicain et agenda agricole			J lunair.	Phases lunaires.	Points lunaires et solaires.
MARS			**VENTOSE**					
1	ven.	st Aubin.	10	DÉCADI	BÊCHE.	25		
2	sam.	st Simplice.	11	prim.	Narcisse.	26		
3	dim.	ste Cunégond.	12	duodi.	Orme.	27		
4	lundi	st Casimir.	13	tridi.	Fumeterre.	28		
5	mar.	st Théophile.	14	quart.	Vélar.	29		
6	mer.	CENDRES.	15	quint.	CHÈVRE.	1	N. L.	C. Éc. de S.
7	jeudi	st Thom. d'Aq	16	sextidi	Epinard.	2		Eq. L.
8	ven.	st Jean de D.	17	septidi	Doronic.	3		
9	sam.	ste Françoise.	18	octidi.	Mouron.	4		
10	dim.	st Droctovée.	19	nonidi	Cerfeuil.	5		
11	lundi	st Euloge.	20	DÉCADI	CORDEAU.	6		
12	mar.	st Grégoire.	21	prim.	Mandragore	7		Périgée.
13	mer.	ste Euphrasie.	22	duodi.	Persil.	8	P. Q.	
14	jeudi	st Lubin, évê.	23	tridi.	Cochléaria.	9		L. B.
15	ven.	st Zacharie.	24	quart.	Pâquerette.	10		
16	sam.	st Cyriaque.	25	quint.	THON.	11		
17	dim.	ste Gertrude.	26	sextidi	Pissenlit.	12		
18	lundi	st Alexandre.	27	septidi	Sylvie.	13		
19	mar.	st Joseph.	28	octidi.	Capillaire.	14		
20	mer.	st Joachim.	29	nonidi	Frêne.	15	P. L.	Eq. L. Conj.
21	jeudi	st Benoît, pat.	30	DÉCADI	PLANTOIR.	16		Equinoxe.
			GERMINAL					
22	ven.	st Emile.	1	prim.	Primevère.	17		
23	sam.	st Victorien.	2	duodi.	Platane.	18		
24	dim.	st Simon, ma.	3	tridi.	Asperge.	19		
25	lundi	ste Berthe.	4	quart.	Tulipe.	20		
26	mar.	st Ludger.	5	quint.	POULE.	21		Apogée.
27	mer.	st Jean, ermit.	6	sextidi	Bette.	22		L. A.
28	jeudi	st Gontran.	7	septidi	Bouleau.	23	D. Q.	
29	ven.	st Marc, évêq.	8	octidi.	Jonquille.	24		
30	sam.	st Rieul.	9	nonidi	Aulne.	25		
31	dim.	ste Balbine.	10	DÉCADI	COUVOIR.	26		

PHASES LUNAIRES	POINTS LUNAIRES	
N. L. le 6 à 9 h. 47 m. du matin.	C. le 6 vers 6 h. du matin.	Eq. L. le 20 à 2 h. du s.
P. Q. le 13 à 8 h. 57 m. du matin.	Eq. L. le 7 à 3 h. du soir.	Conj. le 20 vers 3 h. du s.
P. L. le 20 à 9 h. 4 m. du matin.	L. B. le 14 à 1 h. du mat.	L. A. le 27 à 9 h. du soir.
D. Q. le 28 à 7 h. 55 m. du matin.		

An 1867 — CALENDRIER GRÉGORIEN			An LXXV — CALENDR. RÉPUBLICAIN ET AGENDA AGRICOLE			CALENDRIER MÉTÉOROL.		
						J. lunair.	Phases lunaires.	Points lunaires et solaires.
AVRIL			**GERMINAL**					
1	lundi	st Hughes, év.	11	prim.	Pervenche.	27		
2	mar.	st Franç. de P.	12	duodi.	Charme.	28		
3	mer.	st Richard.	13	tridi.	Morille.	29		Ép. L.
4	jeudi	st Ambroise.	14	quart.	Hêtre.	30	N. L.	
5	ven.	st Gérard.	15	quint.	ABEILLE.	1		Conjug.
6	sam.	st Prudence.	16	sextidi	Laitue.	2		
7	dim.	st Romuald.	17	septidi	Mélèze.	3		Périgée.
8	lundi	st Edèse.	18	octidi.	Ciguë.	4		
9	mar.	ste Mar. Egyp.	19	nonidi	Radis.	5		
10	mer.	st Macaire.	20	DÉCADI	RUCHE.	6		L. B.
11	jeudi	st Léon, pape.	21	prim.	Gainier.	7	P. Q.	
12	ven.	st Jules, pape.	22	duodi.	Romaine.	8		
13	sam.	st Marcelin.	23	tridi.	Marronnier.	9		
14	dim.	st Tiburce.	24	quart.	Roquette.	10		Conjug.
15	lundi	st Maxime.	25	quint.	PIGEON.	11		
16	mar.	st Paterne.	26	sextid.	Lilas.	12		Éq. L.
17	mer.	st Anicet, pap.	27	septid.	Anémone.	13		
18	jeudi	st Parfait, pr.	28	octidi.	Pensée.	14	P. L.	
19	ven.	st Timon.	29	nonidi	Myrtille.	15		
20	sam.	st Théodore.	30	DÉCAD.	GREFFOIR.	16		
			FLORÉAL					
21	dim.	PAQUES.	1	prim.	Rose.	17		
22	lundi	ste Opportune	2	duodi.	Chêne.	18		
23	mar.	st Georges, m.	3	tridi.	Fougère.	19		Apogée.
24	mer.	st Léger.	4	quart.	Aubépine.	20		L. A.
25	jeudi	st Marc, évan.	5	quint.	ROSSIGNOL.	21		
26	ven.	st Clet, pape.	6	sextidi	Ancolie.	22		
27	sam.	st Polycarpe.	7	septidi	Muguet.	23	D. Q.	
28	dim.	st Vital, mart.	8	octidi.	Champignon	24		
29	lundi	st Robert, ab.	9	nonidi	Hyacinthe.	25		
30	mar.	st Eutrope.	10	DÉCADI	RATEAU.	26		

PHASES LUNAIRES	POINTS LUNAIRES	
N. L. le 4 à 10 h. 13 m. du soir,	Eq. L. le 3 à minuit.	C. le 14 entre 11 h. et midi.
P. Q. le 11 à 3 h, 19 m. du soir.	C. le 5 entre 9 et 10 h. du matin.	Eq. L. le 16 à 9 h. du s.
P. L. le 18 à 11 h. 45 m. du soir.		
D. Q. le 27 à 2 h. 40 m. du matin.	L. B. le 10 à 7 h. du m.	L. A. le 24 à 5 h. du m.

An 1867 CALENDRIER GRÉGORIEN		An LXXV CALENDR. RÉPUBLICAIN ET AGENDA AGRICOLE			CALENDRIER MÉTÉOROL. J. lunair.	Phases lunaires.	Points lunaires et solaires.
MAI		**FLORÉAL**					
1 mer.	st Jacq. st Ph.	11	prim.	Rhubarbe.	27		Éq. L.
2 jeudi	st Athanase.	12	duodi.	Sainfoin.	28		
3 ven.	Inv. ste Croix.	13	tridi.	Bouton d'or	29		
4 sam.	ste Monique.	14	quart.	Chamérisier	1	N. L.	
5 dim.	C. de st Aug.	15	quint.	Ver a soie.	2		Conjug. Périgée.
6 lundi	st Jean P. L.	16	sextidi	Consoude.	3		
7 mar.	st Stanislas.	17	septidi	Pimprenelle	4		L. B.
8 mer.	st Désiré, évê.	18	octidi.	Corb. d'or	5		Conjug.
9 jeudi	st Hermas.	19	nonidi	Arroche.	6		
10 ven.	st Gordien.	20	décadi	SARCLOIR.	7	P. Q.	
11 sam.	st Mamert.	21	prim.	Staticé.	8		
12 dim.	st Epiphane.	22	duodi.	Fritillaire.	9		
13 lundi	st Servais.	23	tridi.	Bourrache.	10		
14 mar.	st Boniface.	24	quart.	Valériane.	11		Éq. L.
15 mer.	st Isidore.	25	quint.	Carpe.	12		
16 jeudi	st Honoré.	26	sextidi	Fusain.	13		
17 ven.	st Pascal.	27	septidi	Civette.	14		
18 sam.	st Eric, roi.	28	octidi.	Buglose.	15	P. L.	
19 dim.	st Yves.	29	nonidi	Sénevé.	16		
20 lundi	st Bernardin.	30	décadi	HOULETTE	17		
		PRAIRIAL					
21 mar.	st Sospice.	1	prim.	Luzerne.	18		L. A. Apogée,
22 mer.	ste Hélène.	2	duodi.	Hémérocalle	19		
23 jeudi	st Didier, évê.	3	tridi.	Trèfle.	20		
24 ven.	st Donatien.	4	quart.	Angélique.	21		
25 sam.	st Urbin.	5	quint.	Canard.	22		
26 dim.	st Quadrat.	6	sextidi	Mélisse.	23	D. Q.	
27 lundi	st Hildevert.	7	septidi	Fromental.	24		
28 mar.	st Germain, év	8	octidi.	Martagon.	25		Éq. L.
29 mer.	st Maxime.	9	nonidi	Serpolet.	26		
30 jeudi	Ascension.	10	décadi	FAULX.	27		
31 ven.	ste Pétronille.	11	prim.	Fraise.	28		

PHASES LUNAIRES	POINTS LUNAIRES	
N. L. le 4 à 7 h. 50 m. du matin.	E. L. le 1er à 10 h. du m.	Eq. L. le 14 à 3 h. du m.
P. Q. le 10 à 10 h. 14 m. du soir.	C. le 5 vers 5 h. du soir.	L. A. le 21 à 1 h. du s.
P. L. le 18 à 2 h. 2 m. du soir.	L. B. le 7 à 2 h. du soir.	Eq. L. le 28 à 9 h. du s.
D. Q. le 26 à 5 h. 31 m. soir.	C. le 8 vers 11 h. du s.	

An 1867 — CALENDRIER GRÉGORIEN			An LXXV — CALENDR. RÉPUBLICAIN ET AGENDA AGRICOLE			CALENDRIER MÉTÉOROL. J. lunair.	Phases lunaires.	Points lunaires et solaires.
JUIN			**PRAIRIAL**					
1	sam.	st Pamphile.	12	duodi.	Bétoine.	29		
2	dim.	st Pothin.	13	tridi.	Pois.	30	N. L.	Périgée.
3	lundi	ste Clothilde.	14	quart.	Acacia.	1		L. B.
4	mar.	st Optat.	15	quint.	CAILLE.	2		
5	mer.	st Genès.	16	sextidi	Œillet.	3		
6	jeudi	st Claude, év.	17	septidi	Sureau.	4		
7	ven.	st Lié.	18	octidi.	Pavot.	5		
8	sam.	st Médard.	19	nonidi	Tilleul.	6		
9	dim.	PENTECÔTE.	20	DÉCADI	FOURCHE.	7	P. Q.	
10	lundi	st Landri.	21	prim.	Barbeau.	8		Éq. L.
11	mar.	st Barnab. ap.	22	duodi.	Camomille.	9		
12	mer.	st Olympe.	23	tridi.	Chèvrefeuil.	10		
13	jeudi	st Ant. de P.	24	quart.	Caille-lait.	11		
14	ven.	st Rufin.	25	quint.	TANCHE.	12		
15	sam.	st Modeste.	26	sextidi	Jasmin.	13		
16	dim.	TRINITÉ.	27	septidi	Verveine.	14		L. A.
17	lundi	st Avit.	28	octidi.	Thym.	15	P. L.	Apogée.
18	mar.	ste Marine, vge	29	nonidi	Pivoine.	16		
19	mer.	st Gerv. st Pro.	30	DÉCADI	CHARIOT.	17		
			MESSIDOR					
20	jeudi	FÊTE-DIEU.	1	prim.	Seigle.	18		Solstice
21	ven.	st Leufroi.	2	duodi.	Avoine.	19		
22	sam.	st Alban.	3	tridi.	Oignon.	20		
23	dim.	st Jacques.	4	quart.	Véronique.	21		
24	lundi	N. de st J.-B.	5	quint.	MULET.	22		
25	mar.	st Prosper.	6	sextidi	Romarin.	23	D. Q.	Éq. L.
26	mer.	st Babolein.	7	septidi	Concombre.	24		
27	jeudi	st Crescent.	8	octidi.	Echalotte.	25		
28	ven.	st Irénée.	9	nonidi	Absinthe.	26		
29	sam.	st Pier. s. Paul	10	DÉCADI	FAUCILLE.	27		
30	dim.	C. de st Paul.	11	prim.	Coriandre.	28		

PHASES LUNAIRES	POINTS LUNAIRES	
N. L. le 2 à 3 h. 24 m. du soir.	L. B. le 4 à 1 h. du m.	L. A. le 17 à 8 h. du s.
P. Q. le 9 à 6 h. 47 m. du matin.	Eq. L. le 10 à 10 h. du m.	Eq. L. le 25 à 6 h. du m.
P. L. le 17 à 5 h. 4 h. du matin.		
D. Q. le 25 à 5 h. 37 m. du matin.		

An 1867 — CALENDRIER GRÉGORIEN			An LXXV — CALENDR. RÉPUBLICAIN ET AGENDA AGRICOLE.			CALENDRIER MÉTÉOROL. — J. lunair.	Phases lunaires.	Points lunaires et solaires.
JUILLET			**MESSIDOR**					
1	lundi	st Léonore.	12	duodi.	Artichaut.	29	N. L.	L. B. Périgée
2	mar.	V. de la ste V.	13	tridi.	Giroflée.	1		
3	mer.	st Anatole, év.	14	quart.	Lavande.	2		
4	jeudi	ste Berthe.	15	quint.	CHAMOIS.	3		
5	ven.	ste Zoé, mart.	16	sextidi	Tabac.	4		
6	sam.	st Tranquillin	17	septidi	Groseille.	5		
7	dim.	ste Aubierge.	18	octidi.	Gesse.	6		Éq. L.
8	lundi	ste Élisabeth.	19	nonidi	Cerise.	7	P. Q.	
9	mar.	st Cyrille.	20	DÉCADI	PARC.	8		
10	mer.	ste Félicité.	21	prim.	Menthe.	9		
11	jeudi	T. de st Ben.	22	duodi.	Cumin.	10		
12	ven.	st Gualbert.	23	tridi.	Haricot.	11		
13	sam.	st Gabriel.	24	quart.	Orcanette.	12		
14	dim.	st Bonavent.	25	quint.	PINTADE.	13		Apogée
15	lundi	st Henri, empr	26	sextidi	Sauge.	14		L. A.
16	mar.	st Eustach, év.	27	septidi	Ail.	15	P. L.	
17	mer.	st Alexis.	28	octidi.	Vesce.	16		
18	jeudi	st Clair.	29	nonidi	Blé.	17		
19	ven.	st V. de Paul.	30	DÉCADI	CHALAMIE.	18		
			THERMIDOR					
20	sam.	ste Marguerit.	1	prim.	Épeautre.	19		
21	dim.	st Victor, mr.	2	duodi.	Bouillon bl.	20		
22	lundi	ste Mar.-Mad.	3	tridi.	Melon.	21		Éq. L.
23	mar.	st Apollinaire	4	quart.	Ivraie.	22		
24	mer.	ste Christine.	5	quint.	BÉLIER.	23	D. Q.	
25	jeudi	st Jacq. le M.	6	sextidi	Prêle.	24		
26	ven.	T. de st Marc	7	septidi	Armoise.	25		
27	sam.	st Pantaléon.	8	octidi.	Carthame.	26		
28	dim.	ste Anne.	9	nonidi	Mûres.	27		L. B.
29	lundi	ste Marthe.	10	DÉCADI	ARROSOIR.	28		Périgée
30	mar.	st Sylvain.	11	prim.	Panis.	29		
31	mer.	st Germain.	12	duodi.	Salicor.	1	N. L.	

PHASES LUNAIRES	POINTS LUNAIRES	
N. L. le 1er à 9 h. 58 m. du soir.	L. B. le 1er à midi.	Eq. L. le 22 à 1 h. du s.
P. Q. le 8 à 5 h. 41 m. du soir.	Eq. L. le 7 à 6 h. du s.	L. B. le 28 à minuit.
P. L. le 16 à 8 h. 5 m. du soir.	L.A. le 15 à 4 h. du m.	
D. Q. le 24 à 2 h. 42 m. du soir.		
N. L. le 31 à 4 h. 53 m. du matin.		

An 1867 — CALENDRIER GRÉGORIEN			An LXXV — CALENDR. RÉPUBLICAIN ET AGENDA AGRICOLE			CALENDRIER MÉTÉOROL. J. lunair.	Phases lunaires.	Points lunaires et solaires.
AOUT			**THERMIDOR**					
1	jeudi	ste Sophie.	13	tridi.	Abricot.	2		
2	ven.	st Etienn., pr.	14	quart.	Basilic.	3		
3	sam.	st Géoffroy.	15	quint.	Brebis.	4		
4	dim.	st Dominique.	16	sextidi	Guimauve.	5		Éq. L.
5	lundi	st Yon.	17	septidi	Lin.	6		
6	mar.	Trans. de N. S.	18	octidi.	Amande.	7		
7	mer.	st Gaëtan.	19	nonidi	Gentiane.	8	P. Q.	
8	jeudi	st Justin, m.	22	décadi	ECLUSE.	9		
9	ven.	st Romain.	21	prim.	Carline.	10		
10	sam.	st Laurent.	22	duodi.	Caprier.	11		Apogée.
11	dim.	Sus. de la Ste Cr.	23	tridi.	Lentille.	12		L. A.
12	lundi	ste Claire, vge	24	quart.	Aunée.	13		
13	mar.	st Hippolyte.	25	quint.	Loutre.	14		
14	mer.	st Eusèbe.	26	sextidi	Myrthe.	15		
15	jeudi	Assomption.	27	septidi	Colza.	16	P. L.	
16	ven.	st Roch, conf.	28	octidi.	Lupin.	17		
17	sam.	st Mammès.	29	nonidi	Coton.	18		
18	dim.	ste Hélène, im.	30	décadi	MOULIN.	19		Éq. L.
			FRUCTIDOR					
19	lundi	st Louis, évê.	1	prim.	Prune.	20		
20	mar.	st Bernard, ab	2	duodi.	Millet.	21		
21	mer.	st Privat.	3	tridi.	Lycoperde.	22		Conjug.
22	jeudi	st Symphorien	4	quart.	Escourgeon.	23	D. Q.	
23	ven.	st Sidoine, év.	5	quint.	Saumon.	24		
24	sam.	st Barthélemi	6	sextidi	Tubéreuse.	25		
25	dim.	st Louis, roi.	7	septidi	Sucrion.	26		L. B.
26	lundi	st Zéphirin, p.	8	octidi.	Apocyn.	27		Périgée.
27	mar.	st Césaire.	9	nonidi	Réglisse.	28		
28	mer.	st Augustin.	10	décadi	ECHELLE.	29		
29	jeudi	st Médéric, ab	11	prim.	Pastèque.	30	N. L.	Conjug.
30	ven.	st Fiacre.	12	duodi.	Fenouil.	1		
31	sam.	st Ovide.	13	tridi.	Epine-vin.	2		Éq. L.

PHASES LUNAIRES	POINTS LUNAIRES	
P. Q. le 7 à 7 h. 18 m. du matin.	Eq. L. le 4 à 4 h. du mat.	L. B. le 25 à 8 h. du mat.
P. L. le 15 à 10 h. 47 m. du matin.	L. A. le 11 à 11 h. du mat.	C. le 29 vers 11 h. du m.
D. Q. le 22 à 9 h. 31 m. du soir.	Eq. L. le 18 à 7 h. du s.	Eq. L. le 31 à 2 h. du soir
N. L. le 29 à 1 h. 14 m. du soir.	C. le 21 vers 11 h. du s.	

An 1867 — CALENDRIER GRÉGORIEN			An LXXV — CALENDR. RÉPUBLICAIN ET AGENDA AGRICOLE			CALENDRIER MÉTÉOROLOG. J. lunair.	Phases lunaires.	Points lunaires et solaires.
SEPTEMBRE			**FRUCTIDOR**					
1	dim.	st Lazare.	14	quart.	Noix.	3		
2	lundi	st Antonin.	15	quint.	GOUJON.	4		
3	mar.	st Ambroise.	16	sextidi	Orange.	5		
4	mer.	ste Rosalie.	17	septidi	Cardière.	6		
5	jeudi	st Bertin, abb.	18	octidi.	Nerprun.	7	P. Q.	
6	ven.	st Eleuthère, p	19	nonidi	Sagette.	8		L. A.
7	sam.	st Cloud, prêt	20	DECADI	HOTTE.	9		Apogée.
8	dim.	N. de la Vierge	21	prim.	Eglantier.	10		
9	lundi	st Omer, évêq	22	duodi.	Noisette.	11		
10	mar.	st Nicolas.	23	tridi.	Houblon.	12		
11	mer.	st Hyacinthe.	24	quart.	Sorgho.	13		
12	jeudi	st Raphaël.	25	quint.	ECREVISSE.	14		
13	ven.	st Maurille.	26	sextidi	Bigarrade.	15		
14	sam.	Exalt. de la C.	27	septidi	Verge d'or.	16	P. L.	Écl. de l.
15	dim.	st Nicomède.	28	octidi.	Maïs.	17		Eq. L. Conj.
16	lundi	ste Euphémie.	29	nonidi	Marron.	18		
17	mar.	st Lambert.	30	DÉCADI	CORBEILL.	19		
			Jours compléм.					
18	mer.	st Jean-Chrys.	1	prim.	De la Vertu.	20		
19	jeudi	st Janvier.	2	duodi.	Du Génie.	21		
20	ven.	st Eustache.	3	tridi.	Du Travail.	22		
21	sam.	st Mathieu, ap	4	quart.	De l'Opinion	23	D. Q.	L. B.
22	dim.	st Maurice.	5	quint.	Des Récomp.	24		
			VENDÉM. (An LXXVI)					
23	lundi	ste Thècle.	1	prim.	Raisin.	25		Équin.
24	mar.	st Andoche.	2	duodi.	Safran.	26		Périgée.
25	mer.	st Firmin, évê	3	tridi.	Châtaigne.	27		
26	jeudi	ste Justine.	4	quart.	Colchique.	28		
27	ven.	st Cos. st Dam.	5	quint.	CHEVAL.	29	N. L.	Éq. L.
28	sam.	st Venceslas.	6	sextidi	Balsamine.	1		Conjug.
29	dim.	st Michel, arc.	7	septidi	Carotte.	2		
30	lundi	st Jérôm. pr êt	8	octidi.	Amaranthe.	3		

PHASES LUNAIRES	POINTS LUNAIRES	
P. Q. le 5 à 11 h. 41 m. du soir.	L. A. le 7 à 7 h. du soir.	L. B. le 21 à 3 h. du soir.
P. L. le 14 à 0 h, 43 m. du matin.	Eq. L. le 15 à 2 h. du mat.	Eq. L. le 27 à 11 h. du s.
D. Q. le 21 à 3 h. 18 m. du matin.	C. le 15 vers 8 h. du soir.	C. le 28 vers 11. h du m.
N. L. le 27 à 11 h. 51 m. du soir.		

An 1867 CALENDRIER GRÉGORIEN			An LXXVI CALENDR. RÉPUBLICAIN ET AGENDA AGRICOLE			CALENDRIER MÉTÉOROL. J. lunair.	Phases lunaires.	Points lunaires et solaires.
OCTOBRE			**VENDÉMIAIRE**					
1	mar.	st Remi, évêq.	9	nonidi	Panais.	4		
2	mer.	Les ss. Ang. g.	10	DÉCADI	CUVE.	5		
3	jeudi	st Denis l'aréo	11	prim.	Pomme de t.	6		
4	ven.	st Franç. d'ass	12	duodi.	Immortelle.	7		
5	sam.	st Aure, abbé.	13	tridi.	Potiron.	8	P. Q.	L. A.
6	dim.	st Bruno, inst.	14	quart.	Réséda.	9		Apogée.
7	lundi	ste Julie.	15	quint.	ANE.	10		
8	mar.	st Daniel.	16	sextidi	Belle-de-n.	11		
9	mer.	st Denis, évêq	17	septidi	Citrouille.	12		
10	jeudi	st Paulin, évê	18	octidi.	Sarrasin.	13		Conjug.
11	ven.	st Nicaise.	19	nonidi	Tournesol.	14		
12	sam.	st Wilfrid.	20	DÉCADI	PRESSOIR.	15		Éq. L.
13	dim.	st Géraud, co.	21	prim.	Chanvre.	16	P. L.	
14	lundi	st Caliste, pap	22	duodi.	Pêche.	17		
15	mar.	ste Thérèse.	23	tridi.	Navet.	18		
16	mer.	st Gal, évêque	24	quart.	Amaryllis.	19		
17	jeudi	st Florent.	25	quint.	BŒUF.	20		
18	ven.	st Luc, évang.	26	sextidi	Aubergine.	21		Périgée.
19	sam.	st Savinien.	27	septidi	Piment.	22		L. B.
20	dim.	st Caprais.	28	octidi.	Tomate.	23	D. Q.	
21	lundi	ste Ursule.	29	nonidi	Orge.	24		
22	mar.	st Mellon, évê	30	DÉCADI	TONNEAU.	25		
			BRUMAIRE					
23	mer.	st Hilarion.	1	prim.	Pomme.	26		
24	jeudi	st Magloire.	2	duodi.	Céleri.	27		
25	ven.	st Crépin, st Cr	3	tridi.	Poire.	28		Éq. L.
26	sam.	st Evariste,	4	quart.	Betterave.	29		
27	dim.	st Frumence.	5	quint.	OIE.	30	N. L.	
28	lundi	st Simon.	6	sextidi	Héliotrope.	1		Conjug.
29	mar.	st Narcisse.	7	septidi	Figue.	2		
30	mer.	st Lucain.	8	octidi.	Scorsonère.	3		
31	jeudi	st Quentin.	9	nonidi	Alizier.	4		

PHASES LUNAIRES	POINTS LUNAIRES	
P. Q. le 5 à 6 h. 27 m. du soir.	L. A. le 5 à 3 h. du matin.	L. B. le 18 à 8 h. du soir.
P. L. le 13 à 1 h. 33 m. du soir.	C. le 10 vers 7 h. du soir.	Eq. L. le 25 à 7 h. du mat
D. Q. le 20 à 9 h. 26 m. du matin.	Éq. L. le 12 à 10 h. du m.	C. le 28 vers 7 h. du soir.
N. L. le 27 à 1 h. 12 m. du soir.		

An 1867 — CALENDRIER GRÉGORIEN			An LXXVI — CALENDR. RÉPUBLICAIN ET AGENDA AGRICOLE			CALENDRIER MÉTÉOROL. — J. lunair.	Phases lunaires.	Points lunaires et solaires.
NOVEMBRE			**BRUMAIRE**					
1	ven.	TOUSSAINT.	10	DÉCADI	CHARRUE.	5		L. A.
2	sam.	*Trépassés.*	11	prim.	Salsifis.	6		Apogée.
3	dim.	st Marcel, évê	12	duodi.	Mâcre.	7		
4	lundi	st Charles, év.	13	tridi.	Topinamb.	8	P. Q.	Conjug.
5	mar.	ste Bertille.	14	quart.	Endive.	9		
6	mer.	st Léonard.	15	quint.	DINDON.	10		
7	jeudi	st Villebrod,	16	sextidi	Chervis.	11		
8	ven.	stes Reliques.	17	septidi	Cresson.	12		Éq. L.
9	sam.	st Mathurin.	18	octidi.	Dentelaire.	13		
10	dim.	st Léon, pape.	19	nonidi	Grenade.	14		
11	lundi	st Martin, év.	20	DÉCADI	HERSE.	15		
12	mar.	st René.	21	prim.	Bacchante.	16	P. L.	
13	mer.	st Brice, évêq	22	duodi.	Azeroles.	17		
14	jeudi	st Bertrand.	23	tridi.	Garance.	18		Périgée.
15	ven.	st Eugène.	24	quart.	Orange.	19		L. B.
16	sam.	st Edme, arch	25	quint.	FAISAN.	20		
17	dim.	st Agnan, évê	26	sextidi	Pistache.	21		
18	lundi	st Odon.	27	septidi	Marjonc.	22	D. Q.	
19	mar.	ste Elisabeth.	28	octidi.	Coing.	23		
20	mer.	st Edm., roi.	29	nonidi	Cormier.	24		
21	jeudi	Prés. de la Vge	30	DÉCADI	ROULEAU.	25		Éq. L.
			FRIMAIRE					
22	ven.	ste Cécile.	1	prim.	Raiponce.	26		
23	sam.	st Clément.	2	duodi.	Turneps.	27		
24	dim.	st Séverin.	3	tridi.	Chicorée.	28		
25	lundi	ste Catherine.	4	quart.	Nèfle.	29		
26	mar.	ste Victorine.	5	quint.	COCHON.	1	N. L.	
27	mer.	st Maxime.	6	sextidi	Mâche.	2		
28	jeudi	st Sosthènes.	7	septidi	Chou-fleur.	3		
29	ven.	st Saturnin.	8	octidi.	Miel.	4		L. A.
30	sam.	st André, apôt	9	nonidi	Genièvre.	5		Apogée.

PHASES LUNAIRES

P. Q. le 4 à 2 h. 37 m. du soir.
P. L. le 12 à 4 h. 49 m. du matin.
D. Q. le 18 à 5 h. 15 m. du soir.
N. L. le 26 à 5 h. 20 m. du matin.

POINTS LUNAIRES

L. A. le 1er à 11 h. du m.
C. le 4 vers 9 h. du matin.
Éq. L. le 8 à 8 h. du soir.
L. B. le 15 à 4 h. du mat.
Éq. L. le 21 à 2 h. du soir.
L. A. le 28 à 8 h. du soir.

An 1867 — CALENDRIER GRÉGORIEN			An LXXVI — CALENDR. RÉPUBLICAIN ET AGENDA AGRICOLE			CALENDRIER MÉTÉOROL. — L. lunair.	Phases lunaires.	Points lunaires et solaires.
DÉCEMBRE			**FRIMAIRE**					
1	dim.	AVENT.	10	DÉCADI	PIOCHE.	6		
2	lundi	st Franç. Xav.	11	prim.	Cire.	7		
3	mar.	st Fulgence.	12	duodi.	Raifort.	8		
4	mer.	ste Barbe.	13	tridi.	Cèdre.	9	P. Q.	
5	jeudi	st Sabas, évêq	14	quart.	Sapin.	10		
6	ven.	st Nicolas, évê	15	quint.	CHEVREUIL.	11		Éq. L.
7	sam.	ste Fare, vge.	16	sextidi	Ajonc.	12		
8	dim.	Conception.	17	septidi	Cyprès.	13		
9	lundi	ste Gorgonie.	18	octidi.	Lierre.	14		
10	mar.	ste Valère vge	19	nonidi	Sabine.	15		
11	mer.	st Fuscien.	20	DÉCADI	HOYAU.	16	P. L.	L. B. Périgée.
12	jeudi	st Valery.	21	prim.	Erable sucr.	17		
13	ven.	ste Luce vemar	22	duodi.	Bruyère.	18		
14	sam.	st Nicaise, arc	23	tridi.	Roseau.	19		
15	dim.	st Mesmin.	24	quart.	Oseille.	20		
16	lundi	ste Adélaïde.	25	quint.	GRILLON.	21		
17	mar.	ste Olympiade	26	sextidi	Pignon.	22		
18	mer.	st Gratien, évê	27	septidi	Liége.	23	D. Q.	Éq. L.
19	jeudi	st Timoléon.	28	duodi.	Truffe.	24		
20	ven.	ste Philogone.	29	nonidi	Olive.	25		
21	sam.	st Thomas, ap	30	DÉCADI	PELLE.	26		
			NIVOSE					
22	dim.	st Fabien.	1	prim.	Tourbe.	27		Solstice d'hiver.
23	lundi	ste Victoire.	2	duodi.	Houille.	28		
24	mar.	ste Delphine.	3	tridi.	Bitume.	29		
25	mer.	NOEL.	4	quart.	Soufre.	30	N. L.	
26	jeudi	st Etienn., m.	5	quint.	CHIEN.	1		L. A. Apogée.
27	ven.	st Jean, évêq.	6	sextidi	Lave.	2		
28	sam.	ss. Innocents.	7	septidi	Terre végét.	3		
29	dim.	ste Eléonore.	8	octidi.	Fumier.	4		
30	lundi	ste Colombe.	9	nonidi	Salpètre.	5		
31	mar.	st Sylvestre.	10	DÉCADI	FLÉAU.	6		

PHASES LUNAIRES	POINTS LUNAIRES	
P. Q. le 4 à 10 h. 30 m. du matin.	Eq. L. le 6 à 7 h. du mat.	Eq. L. le 18 à 9 h. du soir.
P. L. le 11 à 0 h. 19 m. du soir.	L. B. le 12 à 2 h. du soir.	L. A. le 26 à 4 h. du mat.
N. Q. le 18 à 3 h. 44 m. du matin.		
D. L. le 25 à 11 h. 48 m. du soir.		

Note sur l'Annuaire ou Agenda agricole qui occupe la 4e colonne du triple Calendrier précédent.

L'*Agenda agricole* est comme la table des matières du cours de physique et d'histoire naturelle, dans ses applications à l'agriculture, que l'instituteur était tenu de faire à ses élèves. Chaque jour du calendrier portait le titre de la leçon; et chaque leçon coïncidait avec l'époque où le laboureur devait faire usage de l'objet dont le nom était inscrit sur ce jour de l'année.

Pendant les jours d'hiver, on ne rencontre dans ce calendrier que l'indication des substances brutes, propres à fertiliser le sol et à construire les habitations, ou des métaux dont la nature est d'un usage ordinaire. Dans les autres mois, le nom des plantes se lit à l'un des jours de l'époque où il importe de les semer ou de les récolter. Le QUINTIDI porte le nom d'un animal à élever ou à détruire; le DÉCADI, celui d'un instrument aratoire ou de ménage.

On comprend l'immense avantage que retirerait l'éducation publique du rétablissement d'un pareil cours dans nos écoles primaires, et si chaque jour, après l'exercice choral qui devrait ouvrir la séance, l'instituteur commençait par décrire avec méthode et précision l'objet dont le nom se trouve inscrit à la date de cette journée, pour en exposer les caractères, la nature, la composition, les usages pratiques ou les dangers, et pour faire comme toucher du doigt toutes ces indications à ses élèves, en mettant pendant la leçon chaque chose à leur disposition.

L'instituteur aurait soin chaque jour de préparer sa leçon du lendemain, comme s'il retournait lui-même à l'école. Cette tâche lui serait rendue facile dans les communes où le conseil municipal a eu le bon esprit de fonder une bibliothèque, un musée et une exposition publique. Dans les autres communes, la municipalité ne se refuserait pas à voter des fonds, pour procurer à l'instituteur communal les quatre ou cinq ouvrages qui lui seraient, pour ce cours, d'une indispensable nécessité.

N° VII

PRÉVISION DU TEMPS

POUR CHAQUE MOIS DE

L'ANNÉE 1867

D'APRÈS LES PRINCIPES ÉTABLIS

DANS LE NOUVEAU SYSTÈME DE MÉTÉOROLOGIE

(pag. 64)

PRÉVISION DU TEMPS

POUR CHAQUE MOIS DE

L'ANNÉE 1867

D'APRÈS LES PRINCIPES ÉTABLIS DANS LE

NOUVEAU SYSTÈME DE MÉTÉOROLOGIE

JANVIER.

Élévation de la colonne barométrique et abaissement de la température le 1er, du 3 au 4, le 6, du 14 au 18, le 20, le 26, du 28 au 29, le 31.

Abaissement de la colonne barométrique et élévation de la température le 5, le 7, du 9 au 12, le 19, du 21 au 25, le 27, le 30.

Mauvais temps sur mer et fortes marées, outre la veille et le surlendemain des syzygies, les 5 et 7, du 10 au 12, le 19, du 21 au 24, du 29 au 30.

FÉVRIER.

Abaissement de la colonne barométrique et élévation de la température les 2 et 3, du 5 au 8, le 12, du 15 au 17, du 19 au 21, le 23, le 26.

Élévation de la colonne barométrique et abaissement de la température les 4 et 5, les 18 et 19, les 24 et 25, les 27 et 28.

Mauvais temps sur mer et fortes marées, outre la veille et le surlendemain des syzygies, du 6 au 9, du 19 au 22.

MARS.

Abaissement de la colonne barométrique et élévation

de la température, du 1er au 5, du 7 au 8, le 13, du 14 au 16, du 18 au 20, le 28.

Élévation de la colonne barométrique et abaissement de la température du 9 au 12, le 14, du 23 au 26, le 28.

Mauvais temps sur mer et fortes marées, du 4 au 8, du 18 au 22, du 29 au 31.

AVRIL.

Abaissement de la colonne barométrique et élévation de la température du 1er au 3, du 5 au 7, du 12 au 14, le 16, le 19, du 24 au 25, du 28 au 30.

Élévation de la colonne barométrique et abaissement de la température le 4, du 8 au 11, du 20 au 21, le 27.

Mauvais temps sur mer et fortes marées outre la veille et le surlendemain des syzygies, le 7, du 14 au 17, les 25 et 26, du 28 au 30, surtout du 4 au 7.

MAI.

Élévation de la colonne barométrique et abaissement de la température, le 2, le 4, les 6 et 7, les 10 et 11, le 8, du 14 au 16, du 20 au 24, les 26 et 27, du 29 au 31.

Abaissement de la colonne barométrique et élévation de la température, le 1er, le 5, du 8 au 9, du 12 au 14, les 18 et 19, du 22 au 25, les 27 et 28.

Mauvais temps sur mer et fortes marées, outre la veille et le surlendemain des syzygies, le 1er, les 8 et 9, du 11 au 14, du 22 au 24, du 27 au 30.

JUIN.

Abaissement de la colonne barométrique, le 1er, le 3, du 6 au 8, le 10, du 18 au 20, du 22 au 26.

Élévation de la colonne barométrique, le 2, le 4, le 9, du 11 au 13, du 15 au 18, le 21, du 27 au 30.

Mauvais temps sur mer et marées assez fortes, outre la veille et le lendemain des syzygies, le 1er, le 3, du 6 au 8, le 10, du 19 au 21, les 24 et 25.

JUILLET.

Abaissement de la colonne barométrique les 2 et 3, du 5 au 7, le 11, le 15, du 17 au 18, du 20 au 24, du 29 au 30.

Élévation de la colonne barométrique, le 1er, du 9 au 11, les 14 et 16, le 19, du 25 au 28, le 31.

Outre la veille et le surlendemain des syzygies, hautes marées, du 6 au 8, du 20 au 23, les 29 et 30.

AOUT.

Abaissement de la colonne barométrique du 1er au 4, le 7, du 12 au 14, du 16 au 19, les 21 et 22, du 26 au 29, le 31.

Élévation de la colonne barométrique du 5 au 7, du 8 au 11, le 15, le 20, du 23 au 26, le 30.

Hautes marées, outre la veille et le surlendemain des syzygies, le 4, du 17 au 18, les 21 et 22, du 27 au 29, le 31.

SEPTEMBRE.

Élévation de la colonne barométrique et abaissement

de la température du 1er au 4, les 6 et 7, le 14, du 16 au 18, les 20 et 21, les 29 et 30.

Abaissement de la colonne barométrique et élévation de la température le 5, du 8 au 10, les 12 et 13, les 15 et 16, du 22 au 24, du 26 au 28.

Mauvais temps sur mer et fortes marées, outre la veille et le surlendemain des syzygies, du 13 au 16, du 21 au 23, du 26 au 29.

OCTOBRE.

Élévation de la colonne barométrique et abaissement de la température du 1er au 5, du 13 au 16, le 18, le 20, le 27, du 29 au 31.

Abaissement de la colonne barométrique et élévation de la température du 6 au 8, du 10 au 13, le 19, du 22 au 26, du 28 au 29.

Mauvais temps sur mer et fortes marées, outre la veille et le surlendemain des syzygies, le 6, du 9 au 11, le 17, du 23 au 26, les 28 et 29.

NOVEMBRE.

Abaissement de la colonne barométrique et élévation de la température du 1er au 3, du 5 au 8, du 16 au 18, du 20 au 22, le 25, le 27, le 30.

Élévation de la colonne barométrique et abaissement de la température du 9 au 10, les 14 et 15, le 18, du 22 au 24, les 28 et 29.

Mauvais temps sur mer et fortes marées, outre la veille et le surlendemain des syzygies, du 5 au 8, du 19 au 22, le 30.

DECEMBRE.

Abaissement de la colonne barométrique et élévation de la température du 1er au 3, du 5 au 7, le 10, du 13 au 15, les 17 et 19, les 23 et 24, du 27 au 31.

Élévation de la colonne barométrique et abaissement de la température du 8 au 10, le 12, du 19 au 21, du 25 au 27.

Mauvais temps sur mer et fortes marées, outre la veille et le surlendemain des syzygies, du 1er au 3, du 5 au 7, les 13 et 14, du 17 au 19, vers le 22, du 29 au 31.

Remarque finale. — Ces prévisions pour chaque mois se réaliseront avec une grande probabilité dans l'hémisphère boréal; les prévisions pour l'Hémisphère austral en sont la contre-partie. L'abaissement et l'élévation de la colonne barométrique éprouvent toujours une interruption, dans le caractère de leur période, au bout de trois jours au moins ; car l'expérience démontre que la vague atmosphérique met tout ce temps à accomplir son mouvement d'ascension et celui de son abaissement. On pourra donc, à l'aide des points de repère que nous avons établis, prévoir, avec une espèce de certitude, le changement de temps en bien ou en mal, deux ou trois jours à l'avance.

N° VIII

PHYSIONOMIE GÉNÉRALE

DE

CHAQUE MOIS DE L'ANNÉE 1867

D'APRÈS LA TABLE DRESSÉE EN 1805,

PAR

L'ABBÉ L. COTTE (*),

L'UN DES MÉTÉOROLOGUES ET DES PHILOSOPHES LES PLUS DISTINGUÉS DE LA FIN DU XVIIIe ET DU COMMENCEMENT DU XIXe SIÈCLE.

(*) Grand-Jean de Fouchy, de l'Observatoire de Paris, ayant signalé, en 1764, à l'abbé L. Cotte, les rapports de la période lunaire de 19 ans, avec le retour, an par an, des mêmes phénomènes de température moyenne, ce dernier s'appliqua à vérifier cette donnée sur la série des observations météorologiques que l'Observatoire mit à sa disposition; et il en dressa un tableau pour chaque année, à partir de 1805 jusqu'en 1898 inclusivement. C'est de ce travail que nous avons extrait ce qui concerne l'année 1867.

ANNÉE 1867

D'APRÈS L'ABBÉ COTTE.

JANVIER

TEMPÉRATURE MOYENNE : froide, humide. — *Vent dominant* : Nord. — *Jours de pluie* : 12. — *Quantité d'eau* : vingt-huit millimètres.

FÉVRIER.

TEMPÉRATURE MOYENNE : froide, humide. — *Vent dominant* : Sud. — *Jours de pluie* : 12. — *Quantité d'eau* : quarante-quatre millimètres.

MARS.

TEMPÉRATURE MOYENNE : assez froide, sèche. — *Vent dominant* : Nord. — *Jours de pluie* : 9. — *Quantité d'eau* : vingt-sept millimètres.

AVRIL.

TEMPÉRATURE MOYENNE : froide, humide. — *Vent dominant* : Sud-Ouest. — *Jours de pluie* : 13. — *Quantité d'eau* : soixante-cinq millimètres.

MAI.

TEMPÉRATURE MOYENNE : froide, sèche. — *Vent dominant* : Nord. — *Jours de pluie* : 8. — *Quantité d'eau* : cinquante-sept millimètres.

JUIN.

TEMPÉRATURE MOYENNE : chaude, sèche. — *Vent dominant* : Nord. — *Jours de pluie* : 8. — *Quantité d'eau* : trente millimètres.

JUILLET.

Température moyenne : chaude, sèche. — *Vent dominant :* Nord. — *Jours de pluie :* 7. — *Quantité d'eau :* vingt-sept millimètres.

AOUT.

Température moyenne : chaude, sèche. — *Vent dominant :* Nord. — *Jours de pluie :* 9. — *Quantité d'eau* : vingt-neuf millimètres.

SEPTEMBRE.

Température moyenne : chaude, sèche. — *Vent dominant* : Nord. — *Jours de pluie :* 7. — *Quantité d'eau* : trente-huit millimètres.

OCTOBRE.

Température moyenne : douce, humide. — *Vent dominant :* Nord. — *Jours de pluie* : 10. — *Quantité d'eau :* trente-huit millimètres.

NOVEMBRE.

Température moyenne : Douce, humide. — *Vent dominant* : Sud-Ouest. — *Jours de pluie :* 13. — *Quantité d'eau :* Dix-huit millimètres.

DÉCEMBRE.

Température moyenne : Douce, humide. — *Vents dominants :* Nord-Est, Sud-Ouest.— *Jours de pluie :* 15. — *Quantité d'eau :* cinquante-neuf millimètres.

N° IX

OBSERVATIONS

RECUEILLIES A L'OBSERVATOIRE DE PARIS

PENDANT L'ANNÉE 1810

ANNÉE QUI, DANS LA PÉRIODE LUNAIRE DE 19 ANS

CORRESPOND A LA PRÉSENTE ANNÉE 1867

Il est probable que, pour l'Observatoire de Paris, les phénomènes de l'année 1810 se reproduiront en l'année 1867 à peu près aux mêmes époques, avec des modifications de localités et de latitudes pour les autres régions de la France, en tenant compte des différences entre les époques des périgées et des apogées des deux années, ainsi que de l'apparition imprévue d'une comète. Voir plus bas notre *Traité de météorologie.*

L'abaissement de la colonne barométrique étant plus forte, à l'époque des périgées qu'à celle des apogées, il s'ensuit que, toutes autres circonstances égales d'ailleurs, le temps sera plus mauvais sous la première que sous la seconde influence. Il suit de là que les périgées et les apogées du Cycle lunaire de dix-neuf ans ne tombant pas les mêmes jours du mois des deux années correspondantes, on devra, sur le calendrier comparatif de l'année 1810, transporter aux jours où tombent les périgées de l'année 1867 les indications de l'aspect du ciel des jours où tombent les périgées de l'annéc 1810; de même pour les apogées.

OBSERVATOIRE (JANVIER 1810) DE PARIS.

J. solaires.	BAROMÈTRE	THERMOMÈT.	VENTS	ASPECT DU CIEL	PHASES et POINTS lunaires.
1	765,58-768,12	+ 7,0+ 9,2	O S O	Éclc., pluie, couv.	
2	767,84-766,70	+ 6,6+ 7,4	S. E.	Couv., couv., vapor.	
3	765,40-766,74	+ 3,9+ 7,4	S.	Vapor., couv., couv.	
4	768,74-769,36	+ 3,9+ 8,1	S. E.	Éclc., c., beau fréq.	L. A.
5	768,88-767,00	— 0,6+ 4,8	E.	Beau, br., b. brouil.	N. L.
6	769,82-768,60	+ 0,6+ 3,1	O.	Br. épais, id. tr.-c.	Périg.
7	766,36-762,54	— 0,8+ 0,2	Calme.	Givreux, givr., givr.	
8	761,80-759,18	+ 1,8+ 0,2	idem.	Givreux, givr., givr.	
9	759,02-757,64	+ 1,2+ 0,5	idem.	Givreux, givr., givr.	
10	760,30-759,22	+ 1,9+ 3,4	idem.	Voilé, brouil., couv.	Éq. L.
11	759,00-757,52	+ 2,9+ 7,0	S. E.	Couv.,couv., éclairc.	
12	756,90-755,30	— 0,4+ 3,7	Calme.	Brouill., id. couvert.	P. Q.
13	754,22-755,84	— 3,4— 0,5	ENE f	Brouill., idem, id.	
14	755,70-753,12	— 7,6— 5,0	E. f.	Beau, id. lég. brouil.	
15	752,04-751,00	—10,0— 4,4	N E f	Beau, nuag., assez b.	
16	751,30-756,80	—11,5— 4,4	N N E	Vapor., beau, idem.	
17	760,74-765,05	—10,6— 4,0	N N O	Vap., givr., voilé, id.	L. B.
18	765,46-766,52	— 8,7— 0,7	S S E	Givr., cerné, nuag.	Apog.
19	764,48-764,90	— 8,0— 1,0	N.	Très-c., éclairc., id.	
20	763,44-759,34	—10,3— 3,6	N.	H. br., floc. de n., id.	P. L.
21	758,30-755,66	— 7,0— 3,2	Calme.	Couv., id. id,	
22	754,22-757,52	— 8,7— 2,6	idem.	Neige, id. id.	
23	760,54-761,74	— 5,0— 2,4	idem.	Tr.-c., id. id.	
24	762,02-764,24	— 1,2+ 0,4	idem.	Très-c., id. id.	
25	765,58-766,64	— 1,0— 0,2	idem.	Brouill., id. id.	Éq. L.
26	765,96-764,52	— 2,0— 1,4	idem.	Très-c., id. id.	
27	765,02-764,32	— 4,6— 2,9	idem.	Brouillard, givre, id.	
28	764,56-765,24	— 6,6— 4,9	idem.	Brouill., givre, givre.	D. Q.
29	766,10-766,32	— 7,5— 3,1	idem.	Givre,éclairc., couv.	
30	770,00-771,10	— 6,0— 2,2	N N E	Couv., lég. br., beau.	Conj.
31	771,24-769,12	—12,5+ 0,7	S. E.	Brouill., vap., id.	L. A.

Eau tombée, 0mm,0.

PHASES LUNAIRES

N. L. le 5 à 3 h. 45 m. du soir.
P. Q. le 12 à 0 h. 42 m. du soir.
P. L. le 20 à 5 h. 15 m. du soir.
D. Q. le 28 à 11 h. 19 m. du m.

POINTS LUNAIRES

L. A. le 5 vers le matin.
Eq. L. le 10 vers midi.
L. B. le 17 vers 6 h. du soir.
Eq. L. le 25 vers 6 h. du matin.
Conjug. le 30 vers 6 h. du soir.
L. A. le 31 vers 6 heures du soir.

OBSERVATOIRE (FÉVRIER 1810) DE PARIS.

J. solaires.	BAROMÈTRE	THERMOMÈTRE	VENTS	ASPECT DU CIEL	PHASES et POINTS lunaires.
1	767,48-765,02	+ 3,1+ 5,8	S.	Pl. fine, idem, idem.	Périg.
2	768,44-758,26	+ 1,5+ 6,0	S S O	Brouill., br., pl. fine.	Conj.
3	751,92-763,64	— 0,5+ 2,5	O.	Voilé, couvert, couv.	
4	758,22-761,20	+ 1,5+ 5,5	S.	Brouil. ép., pluie, br.	N. L.
5	762,26-763,10	+ 0,8+ 2,5	S S E	Brouil. ép., br. couv.	
6	762,48-760,90	— 1,0+ 0,5	O.	Brouil. ép., couv., c.	
7	760,06-761,00	— 1,5+ 1,0	S. E.	Couv. vergl. br. c.	Éq. L.
8	762,12-761,44	+ 0,5+ 3,8	S S E	Pl. fine, couv., couv.	
9	759,02-756,20	— 1,2+ 0,6	S S E	Brouil., couv., br.	
10	755,82-755,25	+ 2,1+ 7,6	S S E	Couv., couv., pl. fine	
11	755,40-749,72	+ 2,8+ 9,1	S S E	Tr-couv., voilé, beau	P. Q.
12	745,16-742,66	+ 4,0+ 9,3	S.	Pluie, calme, beau.	
13	740,10-742,44	+ 3,0+ 8,5	S. O.	Pluie, éclairc., beau	L. B.
14	743,68-747,04	+ 1,5+ 7,3	S. O.	Voilé, tr.-v., éclairc.	Apog.
15	749,32-753,78	+ 0,0+ 6,0	E N E	Très-n., nuag., vap.	
16	757,80-759,92	— 1,6+ 2,1	N N O	Beau, nuageux, beau	
17	759,96-763,00	— 0,6+ 2,8	N.	Couvert, beau, couv.	
18	764,42-758,76	— 2,9+ 2,8	N. O.	Beau, nuag., nuag.	
19	755,12-758,86	— 2,8+ 2,8	N. O.	Couv., nuag., neige.	P. L.
20	762,02-767,64	— 6,6+ 2,0	N. O.	Beau, nuag., nuag.	
21	769,50-770,74	— 9,7— 2,8	N N E	Beau, beau, nuag.	Éq. L.
22	761,54-770,28	— 8,9— 1,1	E S E	Voilé, vapor., beau.	
23	757,66-758,74	— 8,4+ 5,0	S.	Beau, couvert, pluie	Conj.
24	750,62-753,12	+ 6,8+10,6	O.	Couvert, couv., pluie	
25	752,34-755,04	+ 7,0+11,3	O. f.	Couvert, couv., pluie	
26	758,84-760,70	+ 5,4+10,1	O. f.	Couvert, couv., pluie	D. Q.
27	757,80-755,00	+ 7,3+14,7	S.	Couv., nuag., nuag.	
28	760,20-762,30	+ 8,5+13,7	O.	Couv., couv., couv.	L. A.

Eau tombée, 26mm,65.

PHASES LUNAIRES	POINTS LUNAIRES
N. L. le 4 à 3 h. 56 m. du matin.	Conjug. le 2 vers midi.
P. Q. le 11 à 7 h. 15 m. du soir.	Eq. L. le 7 vers minuit.
P. L. le 19 à 10 h. 9 m. du matin.	L. B. le 14 vers 6 h. du matin.
D. Q. le 26 à 8 h. 46 m. du soir.	Eq. L. le 21 vers midi.
	Conjug. le 23.
	L. A. le 28 vers 6 h. du matin.

OBSERVATOIRE (MARS 1810) DE PARIS

J. solaires.	BAROMÈTRE	THERMOMÈTRE	VENTS.	ASPECT DU CIEL	POINTS lunaires.
1	761,34-756,84	+ 9,8+13,2	S S O	Couv., éclairc., pluie	
2	754,58-753,56	+ 9,2+12,1	S. O.	Pl. fine, pluie, couv.	Périg.
3	751,25-752,78	+ 6,1+14,5	S. O.	Nuag., couvert, pl.	
4	752,16-746,00	+ 8,5+14,2	S S E	Léger br., id. sup.	Conj.
5	742,28-736,06	+ 8,2+16,6	S.	Couv. éclairc., couv.	N. L.
6	734,42-737,80	+ 4,7+11,2	S. O.	Nuag., couv., pluie.	Éq. L.
7	733,80-737,60	+ 4,1+11,5	S. f.	Pl. fine, grêle, nuag.	
8	737,40-740,16	+ 3,2+13,2	S. O.	Tr.-n., couv., couv.	
9	743,90-749,24	+12,5+16,5	S S O	Couv., c., pluie lég.	
10	752,04-761,18	+10,1+17,2	S. O.	Voilé, tr.-nu., sup.	
11	762,94-759,40	+ 9,2+15,7	S. O.	Couv., éclairc., id.	
12	757,68-755,06	+12,7+18,5	S. O.	Tr.-n., voilé, g. de p.	P. Q.
13	759,28-757,68	+ 7,0+13,4	N. faib.	Couv., voilé, couv.	L. B.
14	758,56-757,32	+ 3,5+ 6,5	E.	Couv., idem, idem.	
15	753,80-745,64	+ 1,5+ 5,0	N. E.	Couvert, id., idem.	Apog.
16	743,50-746,20	+ 2,7+ 4,0	N.	Lég. br., pl. fi., pl. f.	
17	746,50-751,50	+ 2,2+ 3,2	N. E.	Brouil., pl. fine, neige	
18	753,08-756,38	+ 1,7+ 7,5	E N E	Neige, nuag., couv.	Conj.
19	757,40-759,68	— 0,4+ 7,7	N. E.	Cor., glace, br., sup.	
20	758,26-754,00	+ 0,4+ 9,5	N. E.	Cerné, sup., sup.	Éq. L.
21	751,70-754,16	+ 0,5+10,9	N. O.	Brouil., idem, couv.	P.L. Équi.
22	751,00-761,54	+ 1,7+ 9,6	N.	Qq. gout., couv., b.	
23	760,94-752,84	— 0,7+ 9,0	N. E.	Beau, glace, c., beau.	
24	749,50-752,02	+ 0,5+14,2	N. E.	Gl., br., nuag., couv.	
25	749,28-752,84	+ 5,5+ 8,7	E.	Pluie fine, pl., beau.	
26	754,40-756,80	+ 1,2+ 9,6	E.	Glace, nuag., couv.	
27	756,10-753,64	+ 6,2+18,7	S S E	Couv., pl. fine, nuag.	L. A.
28	756,00-758,50	+ 4,5+11,2	O.	Voilé, tr.-nuag., sup.	D. Q.
29	759,72-758,76	+ 4,2+12,6	O N O	Voilé, grêle, nuag.	Périg.
30	758,00-756,60	+ 3,7+10,1	Calme.	Brouil., couv., as. b.	
31	756,12-748,40	+ 2,0+11,5	S.	Voilé, nuag., pl. fine.	

Eau tombée, 37mm,20.

PHASES LUNAIRES

N. L. le 5 à 4 h. 33 m. du soir.
P. Q. le 13 à 2 h. 57 m. du matin.
P. L. le 21 à 2 h. 42 m. du soir.
D. Q. le 28 à 3 h. 48 m. du soir.

POINTS LUNAIRES

Conjug. le 4 vers minuit.
Éq. L. le 6 vers midi.
L. B. le 13 vers midi.
Conjug. le 18 vers 6 h. du soir.
Éq. L. le 20 vers 6 heures du soir.
L. A. le 27 vers 6 heures du soir.

OBSERVATOIRE (AVRIL 1810) DE PARIS.

J. solaires.	BAROMÈTRE	THERMOMÈTRE	VENTS	ASPECT DU CIEL	POINTS lunaires.
1	744,44-740,44	+ 7,2+11,7	S.	Lég. b., pl., f. puis ab.	
2	746,64-756,48	+ 7,0+15,1	N.	Couv., couvert, beau	Éq. L.
3	755,00-750,28	+ 6,7+14,0	S S O	Brouil., pluie inter.	
4	746,00-755,50	+ 4,7+10,6	O. for.	Pl. int., couv., écl.	N. L. Conj.
5	755,84-751,54	+ 3,6+ 9,0	S. O.	Nuag., pluie contin.	
6	747,40-743,46	+ 2,7+11,6	S S E	Nuag., pluie, pluie.	
7	743,12-746,86	+ 4,7+12,5	S.	Couv., couv., cerné	
8	746,46-744,08	+ 2,5+10,1	S. E.	Couvert, couv., pluie	
9	743,44-745,28	+ 7,0+12,2	S. E.	Couv., couv., nuag.	L. B.
10	746,30-747,32	+ 4,2+16,0	O.	Nuag., lég. br., beau	
11	747,90-751,50	+ 5,5+ 9,3	N. E.	Couv., couv., pluie.	P. Q. Apog.
12	752,12-754,20	+ 1,7+ 5,6	N. E.	Couv., couv., nuag.	
13	753,86-756,32	— 0,5+ 5,0	N. E.	Gl., tr.-nuag., voilé.	
14	756,50-757,14	+ 0,0+ 6,1	N. E.	Lég. br., couv., c.	
15	757,34-753,00	— 2,0+ 8,4	S. E.	Br. glace, beau, cer.	
16	748,16-745,48	— 0,1+12,2	S. E.	Nuag., pluie interm.	
17	747,50-753,42	+ 4,2+13,5	S.	Voilé, beau, superbe	Éq. L.
18	753,08-751,08	+ 2,4+17,4	S. E.	Couvert, pluie, couv.	
19	753,66-756,72	+ 8,5+17,7	Calme.	Cerné, pet pl., beau.	Conj. P. L.
20	758,72-763,30	+ 6,5+15,9	S. O.	Lég. br., tr.-nua. beau	
21	766,00-767,20	+ 5,2+16,2	O.	Vapor., nuag., beau.	
22	764,38-766,44	+ 6,2+16,5	O.	Beau, beau, beau.	
23	764,50-763,32	+ 6,5+19,0	N. E.	Lég. br. beau, beau.	L. A. Périg.
24	763,64-761,92	+ 7,0+20,1	N. E.	Superbe, sub., beau.	
25	760,80-759,42	+ 7,2+18,9	N. E.	Id. id. id.	
26	759,72-758,64	+ 8,6+16,5	N. E.	Id. id. id.	D. Q.
27	758,58-759,50	+ 6,2+18,0	E.	Id. id. id.	
28	761,20-762,26	+ 6,9+19,7	Calme.	Id. id. id.	
29	761,30-758,90	+ 7,5+22,5	E N E	Id. id. id.	
30	758,12-755,50	+ 8,2+23,2	E N E	Id. id. id.	Éq. L.

Eau tombée, 20mm,10.

PHASES LUNAIRES

N. L. le 4 à 1 h. 47 m. du matin.
P. Q. le 11 à 10 h. 41 m. matin.
P. L. le 19 à 3 h. 18 m. du soir.
D. Q. le 26 à 9 h. 37 m. du soir.

POINTS LUNAIRES

Éq. L. le 2 vers 6 h. du soir.
Conjug. le 4 vers 6 h. du soir.
L. B. le 9 vers 6 h. du soir.
Éq. L. le 17 vers 6 h. du matin.
Conjug. le 19 vers 6 h. du matin.
L. A. le 23 vers midi.
Éq. L. le 30 vers minuit.

OBSERVATOIRE (MAI 1810) DE PARIS

J. solaires.	BAROMÈTRE	THERMOMÈTRE	VENTS	ASPECT DU CIEL	POINTS lunaires.
1	754,40-753,64	+ 9,2+24,0	S. E.	Brouill., beau, nuag.	
2	752,60-753,50	+ 7,7+18,2	N.	Br., beau, tr.-nuag.	
3	751,74-753,00	+ 7,2+15,7	N. O.	Voilé, tr.-nuag., sup.	N. L.
4	753,16-754,46	+ 7,0+16,2	N. O.	Couv., nuag., couv.	
5	753,06-749,32	+ 5,0+17,6	N. E.	Brouil., nuag., pluie	Conj.
6	748,98-752,00	+ 4,5+10,5	N. O.	Pl. ab., couv., couv.	
7	745,68-750,00	+ 7,0+16,5	S SE	Brouill., pluie, nuag.	L. B.
8	747,50-754,68	+ 9,7+16,5	O.	nuag.,, nuag., beau.	Apog.
9	755,68-757,40	+ 4,7+17,0	Calme.	Brouill., nuag., beau	Conj.
10	757,58-759,14	+ 6,7+19,1	E.	Beau, beau, beau.	
11	757,60-756,32	+10,0+20,7	E.	Cerné, nuag., couv.	P. Q.
12	755,70-754,70	+11,0+21,0	E.	Pluie, couv., vapor.	
13	753,30-750,05	+10,2+21,1	S. E.	Cerné, nuag., vapor.	
14	747,92-746,20	+12,0+23,5	S. E.	Beau, couvert, pluie.	Éq. L.
15	744,03-745,50	+11,2+18,6	N. O.	Pluie, couv., vapor.	
16	745,48-749,40	+ 9,2+21,6	O.	Tr.-nuag., or., tr.-n.	
17	750,68-753,14	+11,7+18,9	S. O.	Tr.-nuag., co., tr.-n.	
18	750,18-748,42	+13,0+21,7	S. O.	Couv., nuag., orage.	
19	754,74-760,86	+ 7,5+14,2	N.	Couvert, nuag., beau	P. L.
20	759,80-754,10	+ 6,0+18,2	S. E.	Sup., nuag., tr.-nuag.	Périg.
21	752,60-756,32	+12,0+21,7	S. O.	Pluie f., nuag., beau	L. A.
22	758,00-760,50	+ 8,0+20,4	S. O.	Cerné, nuag., beau.	
23	760,00-762,54	+ 9,7+18,7	N. E.	Nuag., orage, pluie.	
24	762,58-760,86	+ 9,1+16,5	N.	Tr.-n., nuag., cerné.	
25	759,72-758,20	+ 7,2+17,5	N. E.	Beau, nuag., cerné.	D. Q.
26	758,10-755,50	+ 8,7+18,6	N E f.	Lég. br., n., cerné.	
27	754,50-752,76	+ 9,2+19,8	N E f.	Cerné, nuag., nuag.	Éq. L.
28	753,42-764,40	+ 8,9+16,4	N.	Cerné, nuag., nuag.	
29	766,00-767,30	+ 5,6+17,9	E N E	Brouill., beau, super.	
30	765,64-763,02	+ 8,7+21,0	E N E	Superbe, beau, sup.	
31	765,10-763,72	+10,2+21,0	N. E.	Cerné, voilé, super.	

Eau tombée, 60mm,30.

PHASES LUNAIRES

N. L. le 3 à 2 h. 55 m. du soir.
P. Q. le 11 à 4 h. 51 m. du matin.
P. L. le 19 à minuit 59 m.
D. Q. le 25 à 3 h. 34 m. du soir.

POINTS LUNAIRES

Conjug. le 5.
L. B. le 8 vers minuit.
Conjug. le 9 vers 6 h. du matin.
Eq. L. le 14 vers midi
L. A. le 20 vers minuit.
Eq. L. le 27 vers 6 h. du matin.

OBSERVATOIRE (JUIN 1810) DE PARIS

J. solaires.	BAROMÈTRE	THERMOMÈTRE	VENTS	ASPECT DU CIEL	POINTS lunaires.
1	764,50-763,64	+10,5+20,4	N. E.	Cerné, beau, superbe	
2	763,62-761,84	+ 9,0+21,1	N. E.	Beau, beau, beau.	
3	762,72-763,52	+11,3+17,6	N. E.	Couv., tr.-n., sup.	N. L.
4	764,62-763,26	+ 7,2+19,5	N. E.	Cerné. nuag., tr.-n.	
5	764,12-763,08	+ 9,0+20,0	N. E.	Vapor., beau, beau.	Apog.
6	763,50-761,70	+10,2+15,6	N.	Couvert, couv., nuag.	
7	761,54-761,00	+ 9,7+18,2	N.	Couv., tr.-n.., cerné.	
8	761,86-758,54	+ 9,0+22,5	N.	Cerné, superbe, sup.	
9	757,66-754,32	+10,0+29,5	S. E.	Cerné, nuag., couv.	
10	752,68-751,68	+15,2+26,0	S. O.	Nuag., orage, couv.	P. Q.
11	752,52-758,54	+13,2+20,0	N. O.	Couv., tr.-n., magn.	Eq. L.
12	759,26-760,62	+ 9,1+22,4	O.	Cerné, tr.-n., cerné.	
13	760,50-758,74	+10,7+24,2	S. O.	Couvert, couv., couv.	
14	761,60-766,50	+ 8,5+19,2	S. O.	Cerné. nuageux, beau	
15	766,72-764,30	+ 7,7+20,6	N. E.	Superbe, nuag., beau	
16	760,90-757,56	+ 9,0+18,0	N.	Cerné, nuageux, beau	P. L.
17	755,80-757,86	+ 8,7+19,0	N. E.	Superbe, nuag., beau	L. A.
18	758,90-761,96	+ 6,2+21,9	O.	Sup., nuag., cerné.	Périg.
19	761,92-762,50	+11,2+25,2	O.	Nuag., nuag., cerné.	
20	762,50-764,90	+11,6+25,4	O.	Beau, beau, nuageux	
21	765,20-767,32	+15,7+23,5	O.	Couvert, couv., beau	Solst.
22	766,40-767,48	+14,2+26,5	N. O.	Couv., tr.-nuag., pl.	
23	767,82-765,00	+12,2+20,5	N. E.	Vapor., sup., sup.	D. Q.
24	764,60-761,96	+12,2+25,2	N. E.	Vapor., sup., sup.	Eq. L.
25	762,36-761,04	+15,2+28,2	N N E	Cerné, nuag., beau.	
26	760,76-758,96	+14,7+29,5	N. O.	Nuageux, voilé, nuag.	
27	758,72-758,00	+13,0+23,6	N. O.	Nuag., voilé, nuag.	
28	758,50-759,42	+12,2+27,0	S.	Nuag., couv., nuag.	
29	759,50-761,30	+12,5+30,5	S. O.	Tr.-nuag., nuag., pl.	
30	763,82-762,61	+13,6+24,5	N. O.	Tr.-nuag., beau, beau	L. B.

Eau tombée, 3mm,00.

PHASES LUNAIRES

N. L. le 3 à 4 h. 47 m. du matin.
P. Q. le 10 à 8 h. 31 m. du matin.
P. L. le 17 à 8 h. 28 m. du matin.
D. Q. le 23 à 10 h. 56 m. du soir.

POINTS LUNAIRES

Éq. L. le 11 vers 6 h. du matin.
L. A. le 17 vers midi.
Eq. L. le 23 vers midi.
L. B. le 30 vers minuit.

OBSERVATOIRE (JUILLET 1810) DE PARIS

J. solaires.	BAROMÈTRE	THERMOMÈTRE	VENTS	ASPECT DU CIEL	POINTS lunaires.
1	763,20-758,12	+13,5+29,6	S. E.	Cerné, sup., éclairs.	
2	756,08-758,20	+17,0+24,0	S. O.	Orage, couv., cerné.	N. L.
3	756,00-749,66	+14,2+25,0	S. O.	Nuag., tr.-nuag., pl.	Apog.
4	749,32-752,04	+12,7+20,2	S. O.	Couv., pet. pl., pluie	
5	753,84-759,50	+13,2+20,2	O.	Nuag., tr.-n., nuag.	
6	759,80-760,80	+13,2+25,5	S S O	Couv., tr.-n., cerné.	
7	761,80-759,00	+14,5+27,9	Calme.	Tr.-n., tr.-n., cerné.	
8	758,94-754,72	+14,6+20,9	idem.	Nuag., pluie par int.	
9	761,70-759,20	+14,7+22,2	O.	Couv., éclc., cerné.	P. Q.
10	758,04-754,92	+11,5+24,7	S S O	Nuag., beau, cerné.	Éq. L.
11	753,50-748,16	+13,5+28,2	S S E	Nuag., beau, orage.	
12	750,38-754,98	+13,0+24,5	S. O.	Couv., éclair., couv.	
13	754,32-755,78	+16,2+25,4	S. O.	Pl. fine, nuag., nuag.	
14	757,00-759,82	+14,0+22,0	S. O.	Pluie, éclaircie, nuag	
15	760,12-763,64	+12,7+19,0	O S O	Couvert, pluie, beau	L. A.
16	764,04-761,12	+ 9,5+22,5	O.	Cerné, tr.-n., nuag.	P. L.
17	756,94-752,64	+13,7+21,7	O.	Averse, couv., couv.	Périg.
18	755,28-748,34	+12,7+18,3	O.	Pluie f., pluie interm.	
19	756,44-755,44	+ 9,2+21,0	N. O.	Nuag., éclaircie, or.	
20	752,30-754,90	+12,0+16,4	N. E	Pluie, pluie, couvert	Éq. L.
21	757,00-760,50	+ 9,7+18,1	O.	Tr.-n., couv., beau.	
22	760,74-764,38	+ 9,7+18,5	N. O.	Tr.-nuag., tr.-n., éc.	
23	764,90-765,88	+ 9,0+20,2	Calme.	Nuag., nuag., beau.	D. Q.
24	765,54-761,44	+ 8,2+22,0	E.	Cerné, superbe, vap.	
25	758,54-756,56	+12,0+27,7	S. O.	Sup., cerné, tr.-nuag.	
26	756,98-752,96	+13,7+28,6	O.	Tr.-nuag., voilé, or.	
27	755,90-751,32	+13,7+20,7	S.	Nuag., pet. pl., orage	L. B.
28	751,48-756,82	+13,2+20,9	O.	Pl., nuag., éclaircie.	Conj. ?
29	759,22-762,34	+12,2+21,0	S. O.	Couv., pet. pl., écl.	Apog.
30	759,50-756,78	+14,2+22,5	S. O.	Pluie, tr.-nuag., aver.	
31	758,60-755,82	+10,5+21,0	O.	Voilé, tr.-n., couv.	N. L.

Eau tombée, 94mm,35.

PHASES LUNAIRES

N. L. le 2 à 7 h. 10 m. du soir.
P. Q. le 9 à 9 h. 24 m. du soir.
P. L. le 16 à 2 h. 59 m. du soir.
D. Q. le 23 à 8 h. 48 m. du matin.
N. L. le 31 à 10 h. 20 m. du mat.

POINTS LUNAIRES

Éq. L. le 9 vers 6 h. du matin.
L. A. le 14 vers minuit.
Éq. L. le 20 vers minuit.
L. B. le 27 vers minuit.
Conjug. bien près du 27.

OBSERVATOIRE (AOUT 1810) DE PARIS

J. solaires.	BAROMÈTRE.	THERMOMÈTRE	VENTS	ASPECT DU CIEL	POINTS lunaires.
1	754,82-759,50	+14,0+20,5	O N O	Pluie, nuag., nuag.	
2	759,62-760,40	+ 9,2+22,6	O.	Sup., beau, tr.-nuag.	
3	758,48-756,28	+14,2+23,9	S. O.	Couv., tr.-nuag., or.	
4	754,40-751,48	+14,5+21,7	S. O.	P. pluie, couv., beau	Éq. L.
5	753,50-755,04	+11,9+22,0	S. O.	Cerné, éclc., pl. forte	
6	755,30-757,52	+11,4+20,9	O.	Nuag., tr.-n., beau.	
7	756,46-752,64	+12,2+25,0	S S O	Nuag., couv., orage.	
8	753,10-757,04	+14,0+22,0	S. O.	Nuag., nuag., tr.-n.	P. Q.
9	758,72-753,20	+12,5+19,7	O.	P. pluie, éclc., tr.-n.	
10	761,60-756,82	+14,4+21,0	S. O.	Couv., pl. fine, couv.	
11	754,78-757,40	+11,7+20,5	S. O.	Pluie, nuag., nuag.	L. A.
12	760,32-757,22	+11,5+20,5	O.	Cerné, éclair., beau.	
13	753,72-760,04	+12,0+21,1	S S O	Tr.-n., nuag., beau.	Périg.
14	760,32-754,98	+10,6+23,5	S S O	Tr.-n., éclc., nuag.	P. L.
15	752,04-750,38	+12,6+19,6	S. O.	Couv., pluie, p. pl.	
16	750,24-755,75	+11,5+18,2	O.	Couv., pluie, couv.	
17	756,40-761,44	+10,6+18,5	Calme.	Couv., couv., nuag.	Éq. L.
18	763,70-766,64	+ 8,0+18,5	N.	Cerné, nuag., vapor.	
19	765,98-766,68	+ 8,2+20,9	N O.	Cerné, nuag., couv.	
20	767,00-766,36	+15,0+20,6	N.	Pl. fine, tr.-n., beau.	Conj
21	766,70-764,54	+10,2+21,4	N. E.	Beau, beau, superbe	D. Q.
22	763,50-760,00	+11,7+23,5	E.	Beau, beau, superbe.	
23	759,76-760,52	+11,7+25,2	E.	Beau, superbe, sup.	
24	761,12-760,04	+14,7+26,7	S. E.	Beau, beau, superbe	L. B.
25	760,44-759,30	+14,5+29,0	Calme.	Beau, beau, superbe	
26	760,81-759,06	+15,0+29,5	S. E.	Beau, superbe, nuag.	Apog.
27	761,08-762,52	+16,0+23,7	N. O.	Couv., nuag., nuag.	
28	761,86-763,40	+16,0+22,6	N.	Couv., couv., beau.	
29	762,58-761,50	+13,5+22,4	N. E.	Couv., nuag., magn.	Conj.
30	760,82-759,46	+13,9+27,0	Calme.	Nuag., tr.-n., tr.-n.	N. L.
31	759,12-757,94	+14,5+31,0	S. E.	Vap., beau, écl. à l'h.	Éq. L.

Eau tombée, 25mm,30.

PHASES LUNAIRES

P. Q. le 8 à 7 h. 30 m. du matin.
P. L. le 14 à 9 h. 55 m. du soir.
D. Q. le 21 à minuit 52 m.
N. L. le 30 à 1 h. 44 m. du mat.

POINTS LUNAIRES

Éq. L. le 4 vers 6 h. du soir.
L. A. le 11 vers 6 h. du matin.
Éq. L. le 17 vers midi.
Conjug. le 20 vers 6 h. du soir.
L. B. le 24 vers midi.
Conjug. le 29 vers 6 h. du matin.
Éq. L. le 31 vers minuit.

OBSERVATOIRE (SEPTEMBRE 1810) DE PARIS

J. solaires.	BAROMÈTRE.	THERMOMÈTRE	VENTS	ASPECT DU CIEL	POINTS lunaires.
1	757,72-759,10	+15,7+29,4	S.	Cerné, sup., cerné.	
2	759,82-758,82	+16,2+30,7	SSEf.	Nuag., vapor., orage	
3	758,84-753,79	+17,2+29,5	S.	Nuag., beau, orage.	
4	754,00-756,44	+15,7+21,5	S. O.	Pluie, couvert, pluie	
5	759,10-762,30	+11,4+19,5	N.	Vap., nuag., nuag.	
6	761,60-764,14	+ 9,7+21,5	N. O.	Vapor., nuag., nuag.	
7	767,04-765,34	+14,5+20,6	E N E	Couv., superbe, sup.	P. Q.
8	763,18-761,50	+10,0+23,2	S.	Brouill. nuag., beau.	L. A.
9	762,16-760,00	+10,2+25,5	N.	Très-nuag., sup., écl.	
10	758,92-760,29	+15,0+24,2	N. O.	Couv., nuag., beau.	
11	759,22-752,38	+13,7+20,0	S. O.	Pl. fine, pl. fine, c.	Périg.
12	749,58-756,08	+11,6+18,0	S.	Couv., pl. fine, tr.-n.	
13	758,18-762,54	+12,1+20,2	N. O.	Couv., tr.-n., couv.	P. L.
14	763,20-765,78	+10,2+20,7	N.	Cerné, tr. n., p. pluie	Éq. L.
15	765,32-763,52	+14,1+17,0	N.	Couv., couv., nuag.	Conj.
16	762,24-761,40	+12,5+20,0	N. E.	Couv., couv., couv.	
17	761,30-759,50	+11,6+23,7	N. O.	Vap., beau, as. beau.	
18	759,00-760,14	+16,2+25,0	Calme.	Tr.-n., éclair., orage.	
19	761,30-762,19	+16,5+21,0	idem.	Couv., brouill., sup.	
20	762,36-761,21	+13,1+24,2	N. O.	Brouill., nuag., beau	D. Q.
21	761,38-762,22	+13,2+23,2	O.	Brouil., nuag., sup.	L. B.
22	761,32-759,36	+13,5+25,2	S. E.	Couv., beau, p. pluie	Équin.
23	760,00-760,99	+13,5+18,7	S. O.	Cerné, cerné, couv.	Apog.
24	760,00-761,00	+10,2+21,0	S. E.	Couv., tr.-nuag., cv.	
25	760,98-759,28	+12,1+18,9	N N E	Brouill., voilé, couv.	
26	759,12-759,94	+13,0+23,2	S. E.	Nuag., beau, tr.-n.	
27	759,00-748,06	+13,8+22,0	S S E	Tr.-n., nuag., beau.	Conj.
28	758,72-760,76	+11,6+20,9	S. O.	Pet. pl., nuag., beau.	N. L.
29	760,08-761,60	+ 9,5+22,5	S. E.	Br., éclaircie, couv.	Éq. L.
30	759,06-760,66	+13,9+23,1	S. E.	Brou., p. pluie, couv.	

Eau tombée, 5mm,86.

PHASES LUNAIRES

P. Q. le 6 à 3 h. 33 m. du soir.
P. L. le 13 à 6 h. 26 m. du matin.
D. Q. le 20 à 2 h. 14 m. du soir.
N. L. le 28 à 4 h. 55 m. du mat.

POINTS LUNAIRES

L. A. le 7 à 6 h. du matin.
Éq. L. le 13 vers 6 h. du soir.
Conj. le 14 entre midi et 6 h. du s.
L. B. le 20 vers 6 h. du soir.
Conj. le 27 entre midi et 6 h. du soir.
Éq. L. le 28 à 6 h. du matin.

OBSERVATOIRE (OCTOBRE 1810) DE PARIS

J. solaires.	BAROMÈTRE.	THERMOMÈTRE	VENTS	ASPECT DU CIEL	POINTS lunaires.
1	762,48-764,00	+11,5 +18,0	O.	Alpestre, n., beau.	
2	764,02-763,03	+10,7 +18,6	N.	Cerné, beau, beau.	
3	763,16-761,92	+ 8,2 +19,6	N. E.	Superbe, sup., sup.	
4	764,28-762,98	+ 6,7 +19,7	E N E	Superbe, sup., sup.	L. A.
5	760,96-758,72	+ 8,7 +18,6	E.	Superbe, sup., sup.	P. Q.
6	758,04-758,92	+ 6,7 +20,2	S. E.	Brouill., cerné, sup.	
7	760,04-759,10	+ 6,0 +20,1	Calme.	Brouill., sup., voilé.	
8	759,96-757,29	+ 7,2 +20,2	E.	Brouill., nuag., sup.	Périg.
9	755,44-752,40	+ 7,1 +20,2	E.	Beau, nuageux, voil.	Conj.
10	752,80-754,50	+12,7 +21,7	S. E.	Pluie, nuag., p. pluie	
11	764,64-755,12	+13,0 +16,1	N. E.	Couvert, couv., pluie	Éq. L.
12	753,44-755,32	+12,5 +15,6	N.	Couv. brouill., pluie.	P. L.
13	757,96-761,68	+ 8,0 +14,2	N. E.	Couv., tr.-nuag., vap.	
14	763,10-764,80	+ 6,7 +13,6	E S E	Nuageux, voilé, vap.	
15	762,82-758,08	+ 5,7 +14,6	S. E.	Nuageux, voilé, vap.	
16	757,50-756,84	+ 3,6 +15,5	S. E.	Cerné, gel. bl., c., c.	L. B.
17	754,62-750,74	+12,7 +18,0	S.	Pluie, tr.-nuag., pl.	
18	759,92-755,48	+11,7 +17,4	O S O	Nuag., nuag., nuag.	
19	759,00-761,47	+10,2 +17,2	S S O	Vap., nuageux, couv.	
20	760,32-758,70	+12,7 +18,2	S O f.	Couv., éclc., tr.-c.	D. Q.
21	757,10-755,17	+14,6 +16,7	S O f.	Couv., pluie, pluie.	Apog.
22	751,09-764,71	+13,1 +16,5	S O f.	Couv., pl. fi., couv.	
23	756,78-749,98	+ 9,2 +15,0	S O f.	Voilé, vap., orage.	
24	752,50-758,40	+ 6,4 +12,2	O.	Couv., couv., p. pluie	
25	760,38-764,12	+ 6,0 +11,2	N.	P. pluie, p. pl., beau.	Éq. L.
26	765,32-763,78	+ 2,2 + 7,9	N N E	Br., cerné, couvert.	
27	764,00-759,20	+ 1,9 + 9,0	N.	Cerné, superbe, sup.	N. L.
28	757,20-747,96	+ 2,0 +11,0	S.	Voilé, beau, pluie.	
29	747,50-754,04	+ 2,1 + 8,7	N. O.	Nuag., tr.-n., sup.	Conj.
30	754,32-759,00	— 1,5 + 5,2	N.	Br., gel., pl. et n., c.	
31	760,64-758,54	— 0,7 + 6,0	S.	Voilé, g. bl., tr.-c., b.	

Eau tombée, 54mm,29.

PHASES LUNAIRES

P. Q. le 5 à 10 h. 24 m. du soir.
P. L. le 12 à 5 h. 16 m. du soir.
D. Q. le 20 à 9 h. 27 m. du matin.
N. L. le 27 à 7 h. 7 m. du matin.

POINTS LUNAIRES

L. A. le 4 vers minuit.
Conjug. le 9 vers 6 h. du soir.
Éq. L. le 11 vers 6 h. du matin.
L. B. le 17 vers minuit.
Éq. L. le 25 vers midi.
Conjug. le 29 vers 6 h. du matin.

OBSERVATOIRE (NOVEMBRE 1810) DE PARIS

J. solaires.	BAROMÈTRE.	THERMOMÈTRE	VENTS	ASPECT DU CIEL	POINTS lunaires.
1	755,30-747,98	+ 2,2+10,0	S.	Couv., écl., pl. fine.	L. A.
2	747,95-753,00	+ 1,5+ 6,5	N.	Nuag., couv., pl. fine	Périg.
3	753,70-752,94	+ 2,7+ 6,1	N. E.	Couvert, couv., couv.	Conj.
4	750,84-749,24	+ 2,6+ 5,2	N. E.	Bouill., br., pl. fine.	P. Q.
5	749,60-747,50	+ 4,4+ 7,6	O.	Brouill., br., couv.	
6	743,82-740,50	+ 6,3+11,2	S.	P. pl., p. pl., nuag.	
7	736,49-741,50	+ 3,5+ 8,7	S.fort	Pluie, p. pluie, beau.	Éq. L.
8	741,00-748,70	+ 4,5+11,4	S O f.	Nuag, orage, nuag.	
9	749,98-746,30	+ 3,2+ 8,5	Calme.	Brouill., br., pluie.	
10	736,72-734,20	+ 6,7+13,7	SSOtf	Pluie, tr.-nuag., pl.	
11	736,84-744,62	+ 6,0+10,2	O.	Couv., tr.-n., nuag.	P. L.
12	744,70-752,04	+ 4,9+ 7,2	N N O	Bouill., br., couv.	
13	758,80-764,12	+ 2,2+ 6,7	N. E.	Brouill, nuag., sup.	
14	763,10-756,48	+ 0,0+ 4,7	S. E.	Glace, couv., pluie.	L. B.
15	752,52-750,00	+10,0+15,0	S. O.	Pluie, couv., pluie.	
16	748,40-747,50	+12,4+15,7	S. O.	Vap., couvert, couv.	
17	748,50-751,64	+ 7,2+12,5	S. O.	Couv., tr.-n., p. fine	Apog.
18	752,50-753,22	+ 8,7+13,5	S. O.	Couv., tr.-n., beau.	
19	752,34-751,30	+ 7,4+12,5	S. O.	Couv, couv., pl. f.	D. Q.
20	750,76-748,34	+10,1+13,8	E S E	Brouill., pl., pl. fine.	
21	747,14-751,00	+ 9,7+14,4	S.	Br., éclaircies, vap.	Éq. L.
22	752,86-759,64	+ 5,9+12,2	S. O.	Nuag., nuag., sup.	
23	759,00-756,60	+ 4,5+11,0	S. E.	Brouill., beau, sup.	
24	755,25-751,80	+ 3,0+10,2	S. E.	Brouill., vap., couv.	
25	752,06-749,52	+ 3,6+ 9,0	S.	Brouill., couv., couv.	
26	746,92-742,39	+ 5,7+ 9,4	S. E.	Brouill., pl. ab., couv.	N. L.
27	739,92-734,16	+ 5,5+10,2	S. E.	P. pluie, pluie, beau.	
28	739,91-737,33	+ 7,0+10,4	S tr-f	Couv., nuag., pl. ab.	L. A.
29	739,24-741,33	+ 5,0+10,5	S O f	Pluie, pluie, superbe	
30	741,52-755,94	+ 4,0+ 7,9	S. O.	Nuag., beau, voilé.	

Eau tombée, 54mm,14.

PHASES LUNAIRES

P. Q. le 4 à 5 h. 7 m. du matin.
P. L. le 11 à 6 h. 38 m. du matin.
D. Q. le 19 à 6 h. 18 m. du mat.
N. L. le 26 à 7 h. 53 m. du soir.

POINTS LUNAIRES

L. A. le 1er vers 6 h. du matin.
Conjug le 3.
Éq. L. le 7 vers midi.
L. B. le 14 vers midi.
Éq. L. le 21 vers minuit.
L. A. le 28 vers midi

OBSERVATOIRE (DÉCEMBRE 1810) DE PARIS

J. solaires.	BAROMÈTRE.	THERMOMÈTRE	VENTS	ASPECT DU CIEL	POINTS lunaires.
1	747,50-749,54	+ 1,2+ 7,5	S.	Couvert, cerné, beau	
2	753,00-758,80	+ 2,7+ 5,4	N.	Couv., très-couv., b.	
3	758,19-759,52	— 1,5+ 1,2	N. E.	Brouill., br., glace.	P. Q.
4	759,00-759,86	+ 2,5+ 5,6	S.	Pluie, brouill., couv.	Éq. L.
5	760,60-760,00	+ 6,7+10,1	O.	Couv., br., couv.	
6	756,70-748,41	+ 7,5+ 9,0	S.	Couv., couv., pluie.	
7	746,60-745,00	+ 6,0+ 9,0	S.	Bouill., tr.-n., pluie.	
8	745,30-750,47	+ 1,7+ 6,7	N. O.	Nuag., tr.-n., couv.	
9	754,62-758,80	— 1,0+ 5,9	N. O.	Brouill., tr.-n., beau.	
10	756,00-743,50	+ 0,5+ 9,0	S S O	Br., pl.-neige, couv.	P. L.
11	745,00-757,06	+ 0,2+ 8,5	N.	Pluie, pluie, cerné.	L. B.
12	758,20-751,64	+ 2,3+ 9,3	S.	Glace, couvert, pluie	
13	758,72-763,63	+ 7,3+11,0	S. O.	Nuag., couv., p. pl.	
14	761,19-756,23	+ 7,3+10,0	S. O.	Nuag., couv., averse	
15	758,89-759,64	+ 6,0+ 8,3	O.	Nuag. couv., p. pl.	Apog.
16	763,60-767,25	+ 2,3+ 7,3	O N O	Nuag., couv., beau.	
17	768,10-762,28	+ 0,2+ 4,8	Calme.	Brouill., brouill., br.	
18	757,00-750,00	+ 4,5+ 6,1	S. O.	Couv., couv., p. pl.	D. Q.
19	747,00-750,60	+ 3,8+ 6,0	S. O.	Nuag., p. pl., couv.	Éq. L.
20	753,50-752,06	— 0,5+ 5,0	S. O.	Beau, brouill., couv.	
21	747,18-750,62	+ 4,3+ 9,8	S O f.	Pluie, glace, sup.	
22	752,04-755,06	+ 4,8+ 9,6	S. O. f.	Vap., voilé, p. pluie	Solst.
23	753,02-752,82	+ 9,9+12,2	S. O. f.	P. pluie., couv, pl.	
24	747,50-754,92	+ 5,6+ 9,9	O.	Pluie, couv., orage.	
25	748,50-744,12	+ 6,8+13,3	S. O.	Pluie, pluie fine, pl.	L. A.
26	751,50-759,30	+ 6,5+10,8	O.	Nuag., éclairc., sup.	N. L.
27	751,81-756,50	+ 6,0+11,7	O.	Couv., pluie, superbe	Périg.
28	756,40-764,54	+ 2,0+ 6,7	N. O.	Pluie, couv., éclairc.	
29	764,91-766,04	+ 1,3+ 3,5	N. O.	Glace, écl., nuageux	
30	768,94-767,18	— 3,8+ 0,1	N N E	Superbe, beau, sup.	
31	768,38-765,30	— 5,4— 2,7	N.	Br., nuag., neige.	

Eau tombée, 55^{mm},45.

PHASES LUNAIRES:

P. Q. le 3 à 0 h. 53 m. du soir.
P. L. le 11 à 10 h. 30 m. du soir.
D. Q. le 19 à 2 h. 56 m. du matin.
N. L. le 26 à 7 h. 18 m. du matin.

POINTS LUNAIRES:

Éq. L. le 4 vers 6 h. du soir.
L. B. le 11 vers 6 h. du soir.
Éq. L. le 19 vers 6 h. du matin.
L. A. le 25 vers minuit.

N° X

TRAITÉ SUCCINCT

DE

MÉTÉOROLOGIE PRATIQUE

OU

L'ART DE PRÉVOIR LE TEMPS

AVEC UNE CERTAINE PROBABILITÉ (*)

Origine du mouvement qui a imprimé de nos jours une nouvelle impulsion aux études météorologiques.

Ce n'est pas d'aujourd'hui que les physiciens, c'est-à-dire les observateurs, se sont occupés des grands problèmes que nous offrent à résoudre les phénomènes de l'atmosphère.

La preuve, c'est que presque toute la nomenclature météorologique nous vient des grands philosophes de l'antiquité grecque,

(*) Pour la démonstration des diverses énonciations de ce petit Traité nous renvoyons le lecteur au *Cours de Météorologie* que nous avons développé, depuis 1853 jusqu'en 1860, dans notre *Revue complémentaire des sciences appliquées*, etc., 6 vol. in-8°.

qui n'avaient peut-être fait que traduire la nomenclature des Égyptiens, des Phéniciens et surtout des Chaldéens, ces pères de l'astronomie et de nos légendes hébraïques.

La météorologie pratique, c'est-à-dire l'application de l'observation des phénomènes passés à la prévision des phénomènes à venir, date de tout aussi loin.

Pendant les siècles de barbarie, les clercs étant les seuls lettrés, la prévision du temps devint un de leurs apanages, et le bréviaire eut en tête son almanach.

La publication des almanachs destinés aux campagnards remonte à la naissance de l'imprimerie; ils renfermaient le calendrier de l'année, la prévision des jours bons ou mauvais pour chaque mois de l'année courante, celle des grands événements politiques dans le langage amphigourique de Nostradamus, souvent la reproduction des prédictions de ce pauvre barbouilleur de prophéties, puis l'énumération des jours de foire et des jours *solemnisés* par les parlements, enfin un *agenda agricole* pour indiquer les époques des semis et des récoltes.

Dans le principe, ces almanachs s'intitulaient *pronostications :* Jean Laet publia à Louvain sous ce nom, pour l'an 1478, un almanach qui s'est continué sous son nom jusqu'en 1560.

Le *Compost* ou l'*Almanach des Bergiers* remonte à l'an 1493 et s'est continué jusqu'à la Révolution; nous possédons celui de l'année II de la République française.

Rabelais a fait un almanach sous le titre de pronostications.

Nostradamus a commencé en 1557 une série de *grandes pronostications* nouvelles, qu'il a continuées jusqu'en 1562.

C'est en 1636 que l'astronome Mathieu Lansbert ou plutôt Laensberg a inauguré la série de l'*Almanach Liégeois* et *double Liégeois* qui se continue encore de nos jours.

Toutes les prédictions de ces pronostiqueurs se basaient sur les rapports de la lune avec le soleil et les autres planètes; rapports occultes et symboliques, exprimés en termes d'alchimie, par exemple : *Saturne et Jupiter mal affectionnez à Diane* (la lune). — *La lune se trouvant en la teste de son dragon.* — *La conjonction de Jupiter à Vénus.* — *La lune se trouvant au sa-*

gittaire, dans le domicile de Jupiter, et exaltation de la belle Vénus, etc.

Ce genre de style mystique a nui grandement aux savants astronomes autant qu'aux chimistes de ce temps-là. Ils ne sont devenus à nos yeux que des astrologues, comme ces derniers ne sont que des alchimistes, des soustracteurs de quintessences. Et pourtant, pour écrire de tels *rebus*, ils avaient besoin d'un grand fond de connaissances en astronomie : car ils étaient livrés à eux-mêmes pour calculer les phases de la lune, les équinoxes, les solstices et les éclipses.

Leurs pronostications des phénomènes atmosphériques étaient basées sur des observations directes continuées pendant une longue série d'années ; leurs pronostications de l'avenir n'étaient que des applications de l'observation passée. L'astronome devait être bien vieux quand il débutait dans la carrière du pronostiqueur et de l'astrologue.

Tous accordaient aux phases de la lune une influence directe sur les changements du temps, sur les phénomènes et le développement de la vie végétale et animale.

Cette croyance aux influences de la lune vint se noyer dans le cataclysme philosophique du dix-huitième siècle, qui fit table rase de toutes les superstitions dont les siècles d'ignorance avaient imbu l'esprit humain. Une telle influence parut aussi absurde que tant d'autres, par cela seul qu'elle était donnée comme occulte et comme s'écartant, ainsi que la légende biblique, de la création du monde, du cadre des grandes et immuables lois d'où découlent les phénomènes de notre univers.

Cependant cette sentence de proscription ne fut pas sans appel : dès le milieu du dix-huitième siècle, Toaldo, illustre astronome et physicien du continent de la Vénétie, donna une nouvelle impulsion à la doctrine des influences de la lune sur les phénomènes météorologiques ; il publia, à dater de 1773, un *Journal astro-météorologique* qui devint le centre d'une correspondance très-active, et dans lequel il inséra le résultat de travaux sérieux sur le flux et le reflux de l'Adriatique, sur les rapports du baromètre et du thermomètre, sur l'application des observations météorologiques à l'agriculture. Bien avant lui, et à partir de 1666, l'Académie des sciences avait reconnu toute l'importance des études météorologiques; et à l'époque de Toaldo, Duhamel-Dumonceau avait inauguré cette ère par une série de ses *Observations botanico-météorologiques*, et Malouin, par celle de ses *Observations médico-météorologiques*.

En 1799, Lamarck, ce savant zoologue et botaniste, reprit, sous un autre point de vue, la question de l'influence de la lune sur les phénomènes de l'air et des eaux; il publia chaque année un *Annuaire météorologique*, où il faisait l'application de sa théorie à la prévision du temps. Dans l'annuaire pour 1808, il proposait aux savants de l'Europe la fondation, dans un des États puissants, de l'établissement central d'une grande *Correspondance météorologique*, et il en donnait un *spécimen* dans un écrit périodique intitulé *Correspondance météorologique de France* (1). A côté de Toaldo et de Lamarck, l'abbé Cotte enregistrait chaque jour les phénomènes de l'atmosphère dans les divers journaux ou recueils scientifiques de la capitale ou de la province.

Par malheur pour ce genre d'études, Napoléon, voulant amener

(1) On voit que l'idée de l'établissement d'une correspondance universelle pour la météorologie date d'assez loin. Quant à l'idée de mettre le télégraphe à la disposition d'une administration météorologique, nous l'avions exprimée dans les journaux, dès le jour qu'il nous fut démontré que les orages suivaient de préférence le cours des fleuves, et nous la formulions de la manière suivante dans la *Revue complémentaire des Sciences appliquées*, livr. de juillet 1856, tom. II, pag. 365 : « On pourrait, y disions-nous, diminuer l'étendue des désastres, si l'on mettait, sur une vaste échelle, le réseau des télégraphes électriques à la disposition de la météorologie organisée en administration : on serait dès lors averti à temps de la marche envahissante de l'inondation, des menaces de l'hydomètre, de la direction des nuages diluviens; et l'on pourrait ainsi se soustraire à une partie des calamités qu'entraînent les inondations extraordinaires. » Nos pieux savants s'attribuent la priorité de cette idée; pourquoi pas ? Toute idée nouvelle n'est-elle pas à eux ? Ils prennent leur bien partout où ils le trouvent, à la manière des Hébreux lorsqu'ils tirèrent leur révérence à leurs bienfaiteurs égyptiens

son ami le républicain Monge à se laisser affubler du titre de Comte de Peluze, ne trouva pas de moyen plus ingénieux que de faire entrer d'emblée dans l'Académie des sciences trois jeunes élèves de Monge, que le nouvel empereur avait gagnés à ses idées ; ils sortaient à peine des bancs de l'École polytechnique et n'avaient encore rien produit qui pût servir de titre à un pareil avancement. Ils avaient pour mission de harceler chaque jour le vieux républicain, ami désintéressé mais sincère du général Bonaparte, mais ami dont le dévouement n'allait pas jusqu'à adopter les innovations du nouvel empereur et à troquer le bonnet rouge du patriote de 93, contre le tricorne empanaché des comtes de l'empire : « Maître, lui disaient-ils à brûle pourpoint, votre opposition nuit singulièrement à l'avancement de vos élèves ! Comment voulez-vous que nous acceptions des distinctions, quand vous faites fi, dans votre radicalisme, des honneurs qui viennent vous chercher avec un empressement que tant d'autres mettraient à les solliciter. Le généreux et brave Monge eut la faiblesse de céder, et laissa affubler sa Gaucherie des insignes de Comte de Peluze ; ses trois élèves ne tardèrent pas à recevoir le prix de leur conquête. Ces trois élèves nés coiffés étaient Arago, Biot et Poisson. Le département de l'astronomie et ses dépendances fut dévolu à Arago, le calcul à Poisson, et la physique à Biot. Ces trois imberbes se mirent à vouloir sauter à pieds joints sur les vieux barbons de la science ; de rien ils étaient devenus tout par la grâce de Dieu. On dénonça dès lors à Napoléon, Lalande comme athée et le laborieux Lamarck comme sortant de sa spécialité pour faire le Mathieu Laensberg. On peut hardiment assurer que Lalande, vainement circonvenu par sa nièce, devenue catéchumène du supérieur de Saint-Sulpice, l'abbé Émery, fut menacé d'être mis à Charenton, et que Lamarck reçut l'ordre de rentrer dans l'étude des *animaux sans vertèbres*.

Dès ce moment, la météorologie recula de cent ans. Pendant quarante-deux ans que dura le règne d'Arago, les portes de l'Observatoire furent fermées à l'étude sérieuse de cette science ; tout s'y est borné à continuer la série des observations barométriques et thermométriques qui remontent à 1666. Quant à la théorie et à l'application de ses données, ce ne fut plus qu'une lettre morte. Aussi, pendant tout cet espace de temps, la science météorologique n'a pas fait un seul pas, et n'a été l'objet que de quelques considérations qui à nos yeux aujourd'hui ne sont que des enfantillages. Devant ces puissants sinécuristes, s'occuper de météorologie, même avec une certaine constance, c'était un titre à la proscription.

On avait donc relégué dans le plus profond oubli tous les travaux antérieurs de météorologie; en sorte qu'en 1849 encore, pas un livre classique de physique ne faisait mention, comme météorologues, des noms de Toaldo, de l'abbé Cotte, de Lamarck, etc.; à qui aurait dit que Lamarck avait publié une série d'*Annuaires météorologiques*, Arago lui-même aurait ri au nez. En cela je partageais l'ignorance de tout le monde, tellement que, lorsque mes observations particulières m'amenèrent à proposer le nom si rationnel de *Lunestice*, rien n'aurait pu, faute de bibliothèque, m'amener à découvrir que le mot *Lunistice* avait été créé par l'astronome Lalande et adopté par le météorologue Lamarck.

C'est du mois d'avril 1849 que datent mes études météorologiques (*). Lorsque je me vis claquemuré dans un cabanon de Doullens pouvant à peine contenir un lit, un poêle, une table à manger, une table à écrire et deux chaises, le tout éclairé par une fenêtre grillée, je compris qu'après avoir terminé mes travaux en voie de publication, l'étude qu'il me serait le plus aisé de poursuivre, ce serait celle des phénomènes de l'atmosphère. Au milieu de cette tourbe d'agents provocateurs, de tous ces masques de républicains que le jésuitisme des prisons avait rassemblés en ce gîte pour en faire un enfer à l'homme de cœur et d'étude, ma résolution ne pouvait manquer de rencontrer bien des obstacles et des mystifications; Loyola, le lourd, gros, gras et... Loyola n'est ingénieux que dans ces sortes de malice : Il s'amusa d'abord à substituer des thermomètres défectueux aux

* Voyez *Revue complémentaire des sciences appliquées*, t. I, p. 17, livraison d'août 1854.

bons thermomètres que l'on m'adressait de Paris; quand j'eus établi un hygromètre dans l'une des quatre cours, arrivait le docteur Férus, de l'Académie de médecine, qui, dans l'intérêt de la salubrité publique, faisait faire table rase dans cette cour, et, sous le couvert de ce mot, transformait un parterre de gazon et de fleurs en une basse cour piétinée par le gibier et la moutonnerie des geôles; dès lors il fallut m'établir dans une cour éloignée de ma surveillance. Ma patience se pliait à toutes ces tracasseries, lorsqu'un beau matin, tous mes papiers me furent enlevés par un directeur, membre de la société de Saint-Vincent-de-Paul; ils ont disparu dans la vente des meubles de ce saint homme, qui empruntait à tout le monde et ne payait personne, et qui finit par se dérober à ses créanciers sans doute en se cachant dans une sacristie. Je jouis dès lors, de la part de l'administration, d'un équivalent de tranquillité; et, comme j'avais pour observer vingt-quatre heures de disponibles, j'allai vite en suivant cette voie d'étude et d'observation :

En quelques mois j'avais résolu déjà quelques problèmes spéciaux de météorologie qui avaient été regardés jusque-là comme insolubles : *Explication de la scintillation des étoiles; pourquoi les astres nous paraissent, sous le même diamètre angulaire, plus grands à l'horizon qu'au-dessus de l'horizon; pourquoi il tombe, dans un temps donné, plus d'eau au pied qu'au sommet des tours et des collines; le mécanisme des marées; la théorie de la formation des nuages et l'origine du vent; enfin la possibilité de tracer d'avance la direction d'un orage par les cours d'eau et les rubans des chemins de fer*, etc; toutes vérités qui sont professées aujourd'hui sous un nom ou sous un autre.

Dès que l'exil m'eut rendu à la liberté de mes mouvements et de ma pensée, j'établis mon observatoire dans un pays qui voit, dans son respect illimité pour la liberté de la presse, la garantie la plus forte contre la licence privée et les abus des administrations; et là, dès 1854, je commençai à publier, dans la *Revue complémentaire des sciences* que je venais de fonder, un cours complet de mon *Nouveau système de météorologie*, dont j'avais pu sauver les matériaux des griffes du pieux emprisonnement.

Cette publication eut le sort de toutes les autres; nul n'en écrivait rien, mais bien des gens s'en alarmaient. Les bons paysans du village que j'habitais profitaient de mes indications sur la prévision du temps, et en faisaient part à leurs connaissances. Chose qui ne fait pas honneur au journalisme de l'époque; je n'ai jamais rencontré dans les journaux autant de bienveillance qu'auprès de ces braves gens-là. C'est tout simple; la presse, de quelque couleur qu'elle se pare, rouge, blanche ou noire, est aujourd'hui une exploitation au service de capitalistes joueurs à la Bourse; et notre nom ne fait pas la hausse en ce pays de ventes simulées.

Il y avait enfin péril en la demeure de la vieille conspiration du silence; car il fallait pourtant parler de ce dont tant de gens parlaient en lisant la *Revue complémentaire des sciences*; or la sainte congrégation de l'*index* défend qu'on ne parle jamais de rien sous notre nom; et elle sait disposer de la publicité dans l'intérêt du silence.

Pour en parler donc et impatroniser le nouveau système dans le pieux enseignement, on avisa un adepte de la *Congrégation*, dont le nom, qui n'est pas précisément sérieux, semblait le plus convenir à cette pieuse espièglerie : Jobard, de Bruxelles, fut l'adjudicataire du principe de notre système; et dans une lettre d'excuse qu'il m'adressa, jamais Jobard dans ce monde ne se montra plus naïf et plus sans gêne; mais tout cela passe et s'excuse avec la croix et la bénédiction.

Les académiciens de France ne pouvaient rester en arrière, alors que Jobard s'en mêlait. Babinet ne se fit pas précisément le Jobard de l'Académie; Babinet n'est jamais copiste, mais toujours original; avec ses cyclones, ses courants chauds et ses courants froids, son mascaret de Caudebec et cent et une autres balivernes de la réclame, il détourna suffisamment par le ridicule l'attention publique d'un système sérieux; et quand la mesure de l'insuccès de ses prédictions fut comble, il se retira de l'arène en convenant, un jour de bonne humeur, qu'il n'y avait rien de plus bête que celui qui se mettait à prédire la pluie et le beau temps, et en promettant quant à lui qu'on ne l'y prendrait plus; il paraît qu'il n'a pas tenu parole.

Babinet s'était amusé aux bagatelles de la porte; un autre s'y prit alors d'une manière plus sérieuse et plus radicale; il produisit un petit livre en copiant textuellement le *Cours de météorologie* que la *Revue complémentaire* avait publié six ans auparavant dans la série de ses soixante-douze livraisons. Le journal du Havre releva cette pieuse indignité, sur laquelle les journaux libéraux en titre gardèrent le plus profond silence.

Cependant le nouveau système se faisait jour dans le monde studieux, tandis que l'Académie des sciences seule se maintenait dans son incrédulité par ordre, lorsqu'une révolution fit tout à coup tourner la roue de la fortune : Arago détrôné fut remplacé par Leverrier dans la souveraineté de l'Observatoire, et le *bel far niente* de l'observateur par l'agitation un tant soit peu nerveuse du calculateur.

Mais Leverrier n'était astronome que de plume; il n'avait jamais mis l'œil au télescope : il avait prédit une planète; sa prédiction lui avait compté comme une devination; et l'on ne s'était plus occupé du reste. Or la météorologie est un vaste champ de prédictions et de devinations; en dépit de la résistance de Biot, Regnault et de presque toute l'Académie, Leverrier se jeta dans la météorologie avec une ardeur de novice, et de manière à prouver qu'il débutait dans l'exploitation de ce champ que nous avions mis tant de longs jours à défricher. Jusqu'à ce jour, avec les plus grandes ressources que l'État puisse confier à un homme, et faute d'entrer dans une voie qu'a tracée un mécréant, il n'a fait que gaspiller ces matériaux en prédisant pendant quelque temps des petites choses qui ne se vérifiaient jamais.

En Angleterre, Fitz-Roy, qui a donné à Leverrier l'exemple de cet emprunt incomplet aux nouveaux principes et de cette envie démesurée de se casser la tête à vouloir s'en écarter, Fitz-Roy, à bout de mécomptes et de désappointements, n'a pu survivre à son insuccès, et il a renoncé à la vie. Leverrier est trop religieux et trop croyant en Dieu, pour suivre *in extremis* son devancier et son modèle.

J'en oublie et des meilleurs dans l'ordre de ceux du penple de Dieu qui se sont chargés de prendre aux Égyptiens les vases destinés à la construction du Tabernacle; car, par respect pour les morts, je ne parlerai pas d'un de ces heureux possesseurs d'emprunts qu'on a fini par griser de réclames, et qui, sans jamais avoir eu à manier ni baromètre ni thermomètre, s'est trouvé tout à coup emporté, par le tout-puissant Belzébuth de l'époque, jusqu'au faîte du temple de la météorologie, d'où il a plané en *prophète* sur tous les royaumes d'ici-bas; nous avons vu cette année son manteau sur les épaules de tel et tel Élisée. L'Église maudit les savants : il lui faut à tout prix des Salettes, des tables tournantes et parlantes, des esprits frappeurs, des *médiums*, des spirites et surtout..... Qui nous dit que, de tous ces prophètes, ce petit livre, cette année, ne sera pas le Saint-Esprit? Dans ce cas, j'aurai à lutter avec les plus mauvais esprits de ce bas monde.

Vous trouverez peut-être une pointe de malignité dans l'exposé de cet historique; mais si vous voulez bien y réfléchir un tout petit instant, vous vous convaincrez que cette méchanceté est toute défensive contre une méchanceté aggressive et qui attaque dans l'ombre; c'est la méchanceté de l'homme qui se défend, un contre tous, au grand jour contre une puissance occulte qui recrute un peu partout et jusque dans les rangs de ceux qui le servent en apparence. Je comptais il y a quelques années, pour ennemis, cent mille dévots, dix mille médecins, deux mille savants patentés épars par tout le monde; le nombre vient de s'augmenter de six mille sociétaires de la météorologie. Tout cela frétille un peu partout; les capitalistes de la presse périodique en ont toujours quelques-uns entre les jambes; l'entre-filet, sans le savoir, les a sur le dos. Les princes de la science se glissent par-ci par-là dans les grandes colonnes de la presse, sous le masque de noms parfaitement inconnus, et nous y décochent leurs petites grossièretés anonymes. Or, si nous voulons riposter, la réponse est refusée sous prétexte qu'elle renferme quelques traits un peu trop malins, à force d'être courtois; il faut avoir recours à la justice qui, même pour le gagnant, n'est pas toujours gratuite. Le journaliste fait défaut à la première audience, son avocat est malade à la huitaine et demande trois semaines de délai; s'il est condamné, comme de juste à insérer, la réponse, il ne s'exécute qu'après signification, et encore avec quelques petites fautes d'impression et une ponctuation non exempte d'une certaine malice. C'est ce qui nous est arrivé, par exemple, dans la *Revue contemporaine* cette année-ci : notre *Almanach* pour 1866 venait à peine de paraître, que le *Royaume des Cieux*, sous le nom de M. Hermant, nom que nous avons vainement cherché dans les divers calendriers de l'Observatoire, le *Royaume des Cieux* nous décochait les foudres de sa colère, dans le *numéro de décembre* 1865 de cette *Revue*, mais d'une main plus occupée de frapper que de viser juste, avec plus d'insulte enfin, que de raison. Notre réponse signifiée par huissier fut refusée net, sous prétexte de contenir quelques expressions mal sonnantes. De là, recours à la justice; défaut, renvoi à trois semaines; jugement « qui condamne Alph. de Calonne, gérant responsable de la *Revue* à insérer, dans la prochaine livraison de la *Revue contemporaine,* la réponse de Raspail telle qu'elle lui a été notifiée.» Le jugement fut prononcé le 27 avril 1866; la réponse ne fut insérée que dans la *livraison du* 31 *mai*, où vous pourrez la lire comparativement avec l'attaque du 31 décembre 1865, à cinq mois de distance l'une de l'autre. Voilà ce qu'en dépit de la loi qui protége contre les attaques, on gagne à lutter avec le *Ciel* qui vous exclut: Vous entassez Pélion sur Ossa, la raison sur la politesse et l'urbanité, pour escalader les régions escarpées de la justice; les dieux déconcertés par la hardiesse de la riposte, filent à terre sous la peau de H..... = X, Z, Y, qui vous reste entre les mains, pendant que les augustes dieux se sauvent, en cornant aux quatre coins du monde que les titans sont des rebelles et des méchants, et que les dieux d'ici-bas sont leurs victimes.

Quoi qu'il en soit de cette guerre des dieux, la météorologie, que les Biot, Régnault et Arago surtout avaient rangée parmi les chimères, a définitivement pris rang au nombre des sciences; théoriques, d'abord, d'une certaine probabilité d'application, ensuite. On est entré dans cette voie que nous avons ouverte du fond de notre cachot, avec une mauvaise grâce qui finirait par la déprécier, jusqu'à ce qu'on nous en ait chassé par le nombre et la diversion; autant nous en est arrivé dans cinq ou six voies nouvelles que nous avons tracées à la science.

Mais on s'y prend trop lentement : force nous a été de nous y remettre et de vulgariser, dans un tout modeste almanach, les principes théoriques et pratiques que ces messieurs abordent de si mauvaise grâce et tant à contre-cœur. Les lecteurs qui désireront de plus longs développements sur cette matière auront recours à la *Revue complémentaire des sciences appliquées*, revue mensuelle qui a commencé à paraître le 15 août 1854 et n'a cessé qu'au 15 août 1860, époque où la fatigue de trois publications, dans un pays de liberté illimitée, nous condamna au repos.

La grande impulsion qui a été donnée aux études météorologiques est donc le fruit de nos quinze ans d'études en ce genre. On a compris, par les résultats que nous avions obtenus et par les principes fondamentaux que nous avions posés, que la météorologie est désormais appelée à prendre rang parmi les sciences d'observation. Que nos académiciens fassent fausse route, n'ayant pas encore trouvé le biais pour se jeter avec gloire et profit dans celle que nous avons tracée... ce qu'ils ne font pas, d'autres sauront le faire, et c'est pour provoquer les bonnes intentions de tous que nous avons entrepris la rédaction de ce petit livre.

Une fois la part des hommes faite, retournons à l'exposé des principes : Ce qui a sans aucun doute contribué à faire nier pendant plus de quarante ans l'influence de la lune sur les phénomènes des saisons, c'est que dans l'état de la science d'alors, cette influence devait être rangée en général au nombre des causes occultes. Le système newtonien de l'attraction et de la gravitation, si absurde dans son principe et pourtant si attrayant dans son application, avait jeté les esprits dans la négation d'une pareille cause des variations atmosphériques.

Mais un principe démontré est à lui seul une révolution tout entière ; aussi, dès le moment que nous eûmes substitué au système de l'attraction le système atomique de la compression atmosphérique, et le sytème attractif du mouvement du monde par l'échange des atmosphères éthérées dont les atomes et les globes planétaires sont enveloppés, dès ce moment il fut démontré que l'atmosphère de la terre devait être refoulée périodiquement, tantôt dans un sens et tantôt dans un autre, par la compression des atmosphères éthérées du soleil, de la lune, et même, mais en moindres proportions, par les atmosphères éthérées des autres planètes ; et de là doit découler l'apparition alternative de tous les phénomènes atmosphériques qui font l'objet de la météorologie.

De ce système si fécond, nous allons donner le résumé succinct et la théorie de ses applications à l'année 1867, renvoyant, pour de plus amples renseignements, à la *Revue complémentaire des sciences appliquées*, où nous en avons jeté les bases, pendant six ans, à dater de 1854.

TRAITÉ SUCCINCT

DE

MÉTÉOROLOGIE PRATIQUE

Principes fondamentaux

1° Les lois de notre univers sont les mêmes pour les atomes que pour les corps célestes ; la cause du mouvement est une pour tous les cas, qu'ils soient ou non accessibles à notre vue.

2° Cette cause, unique dans son essence, et si multiple dans ses effets apparents, n'est autre que le calorique ou éther qui imprègne les mondes et forme une atmosphère particulière autour de chacun d'eux.

3° L'éther-calorique tend à l'équilibre comme les fluides accessibles à notre vue ou à nos balances, c'est-à-dire, il tend à se répartir également autour des corps, à leur former à tous une atmosphère égale.

4° Les corps sont en mouvement, les moins riches en calorique autour des plus riches, jusqu'à ce que l'égalité ait été établie entre eux et que les atmosphères sphériques aient acquis le même diamètre.

5° L'éther, c'est le calorique en repos ; le calorique, c'est l'éther en mouvement, jusqu'à ce que l'échange progressif ait amené l'égalité des atomes ; et l'égalité, c'est le repos.

6° Un corps ne peut augmenter son atmosphère de calorique qu'en circulant spiralement autour du corps qu'il dépouille ; il décrit une orbite autour de lui, jusqu'à ce que l'échange par égales parts soit parachevé, ce qui fait un nouveau corps, une nouvelle unité, de deux unités d'abord inégales.

7° Le corps qui s'enrichit de calorique-éther s'échauffe aux dépens du corps qu'il dépouille et qui partant se refroidit.

8° En un mot, le mécanisme de notre univers se reproduit en petit dans un verre d'eau, où les atomes se meuvent les uns autour des autres et par la même cause que les planètes autour de notre soleil, et que notre soleil autour d'un autre soleil dont il n'est qu'une simple planète, et ainsi de suite jusqu'à cet infini dont l'horizon recule à mesure que notre imagination entreprend de le sonder.

9° Imaginez-vous deux pelotons contigus de fil, dont l'un s'enroule avec le fil d'un autre plus volumineux que lui, vous aurez une image grossière de la manière dont se fait l'échange de calorique entre le plus et le moins des atmosphères atomiques.

10° Notre terre, ainsi que les planètes, tourne donc autour du soleil, parce qu'à chacun des instants de l'horloge de l'éternité, elle enrichit son atmosphère éthérée d'une quantité de calorique soustraite à l'atmosphère immense de notre soleil ; l'atome-terre s'approche d'autant de l'atome-soleil en décrivant une orbite autour de l'écliptique solaire. La vie de plusieurs siècles ne rendrait pas accessible à notre faible vue la mesure de la quantité d'éther dont son atmosphère se serait enrichie pendant ce laps de temps, et du degré dont elle se serait rapprochée de cet astre ; mais au fond de cet aperçu seul se trouve l'explication physique de la précession des équinoxes et de la nutation de l'axe de la terre, etc.

11° La lune, notre satellite, et qui fait partie du système de la terre, sur la limite atmosphérique de laquelle elle est placée, tourne avec la terre autour du soleil, augmentant son atmosphère éthérée avec elle aux dépens de notre grand luminaire, ce qui lui imprime comme une double impulsion et l'empêche de tourner sur elle-même.

12°. Il ne faut pas confondre le mot atmosphère éthérée avec celui d'atmosphère proprement dite, ou atmosphère aérienne chargée de la vapeur d'eau et des gaz les plus pesants ; celle-ci occupe les régions les plus basses de l'atmosphère éthérée. Les atomes de l'air ne sont nulle part stationnaires, mais bien dans un incessant mouvement d'échange, qui, grossissant de proche en proche leur atmosphère et augmentant leur légèreté, les élève de plus en plus vers les couches supérieures de l'atmosphère, et cela jusqu'aux limites de l'atmosphère éthérée de la lune.

13° Il suit de là que le gaz hydrogène, qui se dégage des eaux et des substances organisées, doit abonder à mesure qu'on s'élève par la pensée dans les régions supérieures de notre atmosphère, tandis que l'oxygène et l'azote abondent à mesure que les couches d'air se rapprochent de la terre. Mais il s'ensuit aussi que nulle couche d'air ne possède la même constitution que celles qui lui sont immédiatement inférieure et supérieure; la légèreté des atomes atmosphériques marche par une progression géométrique dont le premier terme touche la terre et le dernier la limite atmosphéro-éthérée de la lune.

14° Chaque goutte de vapeur d'eau qui se dégage de nos mers et de nos rivières, de nos cours ou amas d'eau, est une bulle d'hydrogène enveloppée d'atomes d'eau d'une moindre atmosphère éthérée. C'est un ballon, pour ainsi dire, qui par sa légèreté entraîne son lest vésiculaire dans les régions supérieures, lest composé d'eau et de tous les gaz et corps volatils que l'eau rencontre à travers les couches de l'air.

Applications.

N. B. De ces principes ou axiomes nous allons déduire les conséquences météorologiques.

Brouillards.

15° Le brouillard ne se compose que de pareils petits ballons ou vésicules d'hydrogène enveloppées d'une écorce d'eau plus ou moins mélangée d'autres corps. L'hydrogène, étant le plus léger de tous les gaz, tend à monter au-dessus des couches aériennes saturées d'oxygène et d'azote; si ces vésicules séjournent à la surface de la terre, c'est que les vapeurs d'eau que l'élévation de la température avait portées dans les couches supérieures de l'atmosphère, se condensent le soir et au moindre refroidissement de l'air; que dès lors leur pesanteur spécifique les entraîne dans les couches de l'air les plus rapprochées du sol, surtout quand l'eau est imprégnée de subtances pesantes, acide carbonique, carbone et autres substances miasmatiques qui en augmentent le poids. Dans ce dernier cas, le brouillard est fétide, froid, et rase la terre. Dès qu'il monte dans les airs, il prend le nom de *nuage*. La vapeur que dégage la locomotive met cette idée à la portée de tous les observateurs : on la voit raser la terre sous forme de brouillard, s'élever dans les airs sous forme de nuage qui change de couleur selon que ses tourbillons réfractent ou réfléchissent les rayons lumineux, tour à tour blancs de neige, ardoisés, bleus ou colorés en rose. Le brouillard s'élève alors que le baromètre monte; il reste à la surface de la terre, quand le baromètre reste stationnaire; la hausse agit en ce cas comme une pompe aspirante. Il se forme des brouillards secs et fétides que le vent dissémine et chasse ras de terre à des distances fabuleuses; il en arrive souvent de tels des *polders* de la Hollande et de la Campine belge, jusqu'aux frontières de la France.

Rosée et gelée blanche.

16° La rosée peut venir autant d'en haut que d'en bas, autant de la condensation de l'humidité de l'air sur les feuilles des plantes terrestres, que de celle de l'humidité de la terre, dont la vapeur est surprise, au sortir du sol, par le refroidissement de l'atmosphère. La terre s'en imprègne et en devient humide, les végétaux herbacés la retiennent en perles adhérentes à la surface de leur foliation.

La gelée blanche n'est qu'une rosée surprise par un refroidissement descendu au-dessous de zéro. Il peut geler à pierres fendre, sans qu'il se forme de *gelée blanche* ; il suffit pour cela que le froid arrive après une certaine sécheresse, et alors que la terre ne cède aucune humidité à la pompe aspirante que fait fonctionner l'ascension de la colonne barométrique.

Nuages.

17° Tant que les vapeurs d'eau occupent les régions les plus basses de l'atmosphère, elles y flottent et se déroulent en tourbillons comme de la fumée; elles forment un nuage de vapeurs, un *nuage enfumé*. Mais, arrivées à une région plus élevée et plus froide, leurs atomes se rapprochent, leurs particules aqueuses s'attirent en cristallisant; le gaz hydrogène se condense entre leurs interstices et semble s'y solidifier. Ces vapeurs, si fugitives et si faciles à se séparer, forment corps entre elles ; c'est alors un *nuage de neige*, un flocon de neige gigantesque qui s'accroît de plus en plus, et peut, si petit qu'il nous paraisse, occuper une étendue de plusieurs lieues : immense radeau de neige qui navigue dans les plaines de l'air à quelques lieues au-dessus de nos têtes.

A mesure que ce nuage de neige monte et traverse des régions de plus en plus froides, il continue son œuvre de condensation ; ses molécules se rapprochent même par la fusion, et la neige se transforme en glace. L'immense flocon de neige devient alors un immense glaçon, un radeau de glace, qui peut acquérir la transparence du verre, et nous laisser voir, à travers son épaisseur, le soleil, la lune et même les étoiles, ou en déformer et en multiplier les images par la réfraction, en dévier les rayons par la réflexion, en raison de ses accidents de surface, comme le fait un bloc de verre taillé en facettes planes, concaves ou convexes, et produire enfin tous les phénomènes connus sous les noms de *halos*, *parhélies*, *parasélènes* et *aurores boréales*.

18° Vous allez me demander, dans votre surprise, comment de pareils blocs de neige et de glace peuvent rester suspendus sur nos têtes, et ne pas fondre sur nous pour écraser sous leur poids tout ce qui nous entoure. C'est là l'impression que le simple énoncé de cette proposition produit au premier abord sur l'esprit des hommes mêmes qui ont contracté l'habitude d'approfondir les merveilles de la nature ; mais cette impression se dissipe bientôt devant les explications que nous allons donner de ce phénomène.

19° La glace, on ne saurait le nier, est plus pesante que l'eau, et cependant un bloc de glace surnage, et l'eau le charrie comme du bois à sa surface, si vaste que soit ce radeau. Dans les mers polaires, ces petits blocs de nos rivières deviennent grands comme de hautes montagnes et s'entrechoquent en voguant au-dessus de l'Océan, comme des brins de paille au-dessus d'un verre d'eau. Qui soutient ce glaçon, si ce n'est la quantité d'air que le glaçon condense dans sa substance, quantité d'air supérieure à celle dont l'eau est imprégnée ? Car l'eau, qui se dépouille par l'ébullition de la quantité d'air qu'elle tenait en dissolution, reprend cet air en se refroidissant, et plus elle se refroidit, plus elle condense d'air dans ses molécules; la progression continue indéfiniment par le refroidissement, ce qui fait qu'à + 4° centigr., elle renferme plus d'air qu'à + 10°, et que, partant à 0°, elle condense plus d'air qu'à + 4°, et ainsi de suite. Donc, plus la glace est compacte et exposée à un plus grand refroidissement, plus elle est imprégnée de l'air de l'atmosphère où elle se condense. Cet air la soutient à la surface de l'eau, comme un gaz léger soutient le plus immense et le plus lourd ballon à la surface d'un air plus dense.

20° Or, dans quelle région les vapeurs hydrogénées d'eau se condensent-elles en blocs de neige ou de glace? N'est-ce pas dans les régions où montent les gaz plus légers que l'air que nous respirons dans les basses régions de l'atmosphère? C'est donc de ce gaz si léger que le radeau de neige ou de glace s'imprègne dans les hautes régions de l'atmosphère, remplaçant par ce gaz l'air atmosphérique qu'il pourrait recéler, et qui, à cause de sa pesanteur spécifique, retombe dans les régions inférieures. Le radeau se soutient ainsi d'autant plus facilement dans les airs, qu'il monte dans des régions plus élevées de l'atmosphère; car plus il s'élève, plus il jette de son lest et renouvelle le gaz hydrogène qui contribue à sa légèreté, en se condensant par le refroidissement entre ses molécules. Donc, ces immenses radeaux, dont l'idée seule étonne notre imagination, ne sauraient tomber comme une pierre sur nos têtes : ils voguent dans les airs comme un glaçon ordinaire à la surface de l'eau, à cause de leur légèreté spécifique plus grande que celle du milieu qui les supporte.

21° Si vous voulez vous convaincre que la glace contient plus d'air que l'eau, placez un glaçon dans une cloche renversée et pleine d'eau à la température ordinaire, et vous verrez les bulles d'air du glaçon se dégager par des stries canaliculées dans une même direction, et venir s'accumuler en une couche distincte au sommet de la cloche. L'ébullition produirait le même effet pour l'eau, et en dégagerait en bulles toutes la quantité d'air dont elle serait saturée.

22° Ne confondez pas la formation de la neige qui tombe en flocons avec la formation de ces grands nuages de neige. Le flocon de neige, c'est la gouttelette de pluie qui gèle en traversant une couche d'air glacial; cette neige se forme en descendant d'une région chaude dans une région froide. Le nuage de neige, au contraire, se forme en montant d'une région chaude dans une région froide.

Mais un nuage de vapeurs, de neige ou de glace, ne saurait rester stationnaire dans un milieu aussi mouvant que l'air : il faut qu'il monte, s'il augmente le volume de gaz qui fait sa légèreté ; qu'il descende, s'il s'en dépouille. Mais il ne peut prendre ni l'une ni l'autre de ces deux directions par la verticale, à cause de la résistance du milieu ; il ne peut se déplacer qu'en refoulant l'air qui s'oppose à son ascension ou à sa chute ; dans l'un et dans l'autre cas, il suit la résultante et la diagonale : il ne monte pas, il gravit ; il ne tombe pas, il suit une pente.

Il remonte en refoulant l'air vers le haut ; il descend en refoulant l'air vers la terre, et dans une direction contraire à celle de son inclinaison. L'air refoulé, c'est le vent, c'est le zéphir ou la tempête, selon la rapidité de la chute ou de la descente du nuage ; ce qui fait que le nuage peut marcher par sud, en même temps que le vent souffle par nord. Quand le nuage monte, ce qu'on reconnaît à ce qu'il diminue de diamètre, il y a calme en dessous ; quand il redescend et refoule l'air vers le bas, le vent se déchaîne, et le vent tombe dès que le nuage a dépassé notre zénith. Car c'est un fait d'observation, que l'arrivée de chaque nouveau nuage qui nous paraît grossir, et qui, par conséquent, se rapproche de la terre, est précédée d'un coup de vent.

Pluie.

23° Mais un nuage de *neige* ou de *glace* ne peut redescendre dans les régions les plus basses de notre atmosphère qu'en fondant couche par couche et de proche en proche ; d'un autre côté, nous avons dit que la glace ne fond qu'en se dépouillant de la quantité d'air qui faisait sa légèreté (19°) ; elle reprend l'aspect et la densité de l'eau, qui tombe dès lors en se tamisant à travers le filtre de l'air en gouttelettes de pluie.

Placez sur un tamis de soie ou de crin une couche de neige ou une lame de glace par une température chaude, et vous aurez en petit devant les yeux tous les phénomènes de la pluie en dessous du tamis.

La neige, échauffée par la température de l'air, et plus encore par les rayons du soleil, se condensera en fondant : une partie filtrera en gouttelettes de pluie; l'autre cimentera pour ainsi dire ses flocons en se congelant, et formera un bloc de glace à la place de l'amas de flocons de neige, pour fondre à son tour par l'action incessante des rayons solaires. La pluie ne cessera qu'après l'épuisement complet de l'amas de neige ou du glaçon.

Il ne peut donc pleuvoir que lorsque les nuages descendent d'une région froide dans une région chaude de l'atmosphère. Sans doute un nuage de glace voguant dans les régions les plus froides de l'air, peut éprouver une fusion sous le dard des rayons solaires ; mais les gouttes d'eau qui s'en échappent ne tarderont pas, en tombant, à se congeler de nouveau à l'ombre des glaçons fondants, et à redevenir flocons de neige ou glaçons imprégnés du même gaz hydrogène, ce qui les soutiendra vers cette hauteur à l'état de noyaux de nuages.

Capillarité.

24° La capillarité serait, d'après les physiciens scholastiques, l'action des tubes capillaires (c'est-à-dire du calibre d'un cheveu, *capillus*) sur les liquides.

Nous allons démontrer que cette prétendue action spéciale n'est autre chose qu'une des applications de la loi générale, en vertu de laquelle les corps légers repoussent vers le centre de la terre les corps pesants.

Vous enfoncez dans l'eau une partie d'un tube de verre de très-petit calibre ; le verre étant plus pesant que l'eau, celle-ci doit tendre à repousser le verre vers le centre de la terre, et par conséquent à le surmonter. Il arrivera de là que, si vous maintenez le tube plongé dans l'eau selon la position verticale, vous verrez l'eau dépasser sa ligne d'affleurement au dehors et au dedans, en montant contre les parois du verre, ce qui produira un ménisque concave à la surface de la colonne liquide contenue dans la capacité du tube.

Si, au lieu d'un tube de verre, vous vous servez, pour cette expérience, d'un tube de cire, comme la cire est plus légère que l'eau, le tube de cire, s'il était abandonné à lui-même, surmonterait l'eau en la repoussant vers le centre de la terre ; mais étant tenu forcément plongé dans l'eau, on remarquera que, par suite de cette répulsion, l'eau semblera s'éloigner des parois du tube, et qu'il se manifestera une dépression tout autour des parois du tube, à l'intérieur comme à l'extérieur, en sorte qu'à l'intérieur, l'eau présentera la forme d'un ménisque convexe.

Si maintenant vous plongez le tube de verre, non plus dans l'eau, mais dans le mercure, le tube de verre jouera, par rapport au mercure, le même rôle que le tube de cire par rapport à l'eau, le verre étant près de sept fois moins pesant que le mercure. Ce liquide repoussé par la légèreté du verre, semblera donc s'écarter de ses parois à l'intérieur et à l'extérieur, et formera, à l'intérieur du tube, un ménisque convexe.

Mais pourquoi l'eau monte-t-elle d'autant plus haut dans un tube capillaire de verre, que le calibre du tube est plus petit ? Ce côté de la question n'est pas plus difficile à expliquer que l'autre. En effet l'atmosphère éthérée pèse sur la surface de l'eau et la repousse vers le centre de la terre. Tant que les colonnes atmosphériques sont égales entre elles et de même hauteur, la surface de l'eau qu'elles repoussent vers le centre de la terre est unie et de niveau, c'est-à-dire concentrique à la terre. S'il arrive qu'une de ces colonnes devienne plus longue et partant plus pesante qu'une autre, ou subisse une pression plus forte, la colonne d'eau à laquelle elle est superposée devra baisser, et partant, les colonnes ambiantes devront monter. Or lorsque vous plongez un tube de verre dans une masse d'eau, la colonne qui pèse sur l'orifice du tube est évidemment plus courte et d'un calibre moindre que toutes les colonnes qui pèsent sur les surfaces ambiantes ; l'eau doit donc monter dans le tube de verre, d'une hauteur complémentaire et capable, avec l'appoint de la colonne atmosphérique qui pèse sur l'orifice du tube, de faire contre-poids à toutes les colonnes atmosphériques ambiantes ; de sorte que, si le diamètre intérieur du tube étant $= a$, l'eau monte dans le tube jusqu'à b, dès que le diamètre intérieur du tube deviendra $= 1/2\ a$, l'eau montera dans le tube à une hauteur égale à $2\ b$, et ainsi de suite dans les mêmes rapports de progression.

Tenez le bout d'un tube de verre plongé dans l'eau et comprimez l'air, par un refoulement quelconque, au dessus des surfaces ambiantes de l'eau, et vous verrez l'eau monter d'autant dans le tube.

Humidité du pavé, pronostic de pluie.

25° De là vient que dans certaines localités, et toutes les fois que le temps menace de la pluie, on voit certaines surfaces du dallage devenir tout-à-coup humides tandis que les autres ne le sont pas ; c'est que celles-ci sont moins poreuses que les premières. La porosité est une capillarité ramifiée, pour ainsi dire, et doit présenter les mêmes phénomènes que les tubes capillaires simples. Or, la pluie ne menace que lorsque le baromètre baisse, c'est-à-dire lorsque les colonnes atmosphériques superposées à la localité diminuent de hauteur et partant de poids. Donc l'humidité des localités sous-jacentes à cette dépression ou plutôt à cette diminution de pression, doit être refoulée et monter dans les tubes capillaires par l'excès de pesanteur des colonnes atmosphériques d'une plus grande longueur ou d'une plus forte pression.

Vents impétueux et tempêtes.

26° Plus la descente du nuage fondant sera rapide, c'est-à-dire plus le nuage, fondant et condensé, ou dépouillé du gaz léger qui le soutenait au plus haut des airs, sera pesant (plus pesant, par le déplacement de son centre de gravité, que l'espace d'air qu'il occupe), et plus violemment l'air qu'il chasse devant lui sera refoulé ; ce qui produira en certaines circonstances un vent capable de renverser des édifices, de faucher des forêts et de bouleverser des villes. Une simple avalanche des montagnes ne suffit-elle pas pour lancer tout un village à des distances phénoménales, avant d'être arrivée sur les lieux, et comme en soufflant dessus ? La tempête ou typhon et le zéphir sont le plus et le moins d'effet de la même cause.

En l'absence de tout nuage, le vent peut provenir aussi des mouvements de la mer. En effet, la pression atmosphérique qui refoule la mer vers les côtes pendant le flux, rend sa surface d'autant plus concave que la force du refoulement est plus grande ; lorsque cette force cesse, et qu'au flux succède le reflux, la surface de la mer devient convexe. Evidemment, cette alternative de pression et de dépression doit imprimer à l'air atmosphérique un mouvement d'aspiration et d'expiration, comme le ferait le jeu d'un éventail, d'une vanne, d'un soufflet qui ramène et refoule l'air, et produit ainsi deux forts courants alternatifs et en sens contraire.

Vents alizés ou moussons, vents de terre.

27° Ces sortes de vents sont des déplacements d'air occasionnés par la marche du soleil vers l'un ou l'autre hémisphère ; car le soleil ne saurait échauffer la couche d'air d'une région sans la dilater, et partant, sans repousser la couche d'air qui précède la première.

Trombes d'eau.

28° Nous pouvons dès à présent nous figurer, sans recourir au merveilleux, un nuage de neige ou de glace ayant une surface de plusieurs lieues, accidentée de collines et de vallées du côté du ciel, tout autant que de voûtes et de mamelons du côté de la terre. De ces collines couleront dans ces vallées les produits liquéfiés par le dard de la lumière solaire, comme cela arrive sur les glaciers des Alpes. Il pourra se former ainsi des lacs d'une certaine étendue au-dessus de ce vaste plancher, de ce vaste radeau suspendu dans les airs, qui se rapproche de la terre par la diagonale, et tend à fondre de plus en plus. Or rien n'use la glace comme l'eau ; il pourra arriver un moment où le fond de ce lac aérien, foré par l'action de l'eau, crèvera tout à coup ; par cette ouverture, l'amas d'eau s'échappera, comme d'une cataracte, sur les terres sous-jacentes, et y produira un cataclysme proportionnel à sa masse, bouleversant de fond en comble des villages et des cantons entiers, comme un simple seau d'eau bouleverse une motte de terre et nivelle le sol tout autour : c'est là l'explication d'une trombe d'eau émanant des nuages. Il est une autre trombe qui est la résultante du courant de deux vents d'une direction contraire : celle-ci fait monter l'eau de la mer en forme d'entonnoir, comme deux courants d'eau opposés creusent la surface du fleuve en un entonnoir qui tourne et entraîne au fond tout ce qui est à la surface et à la surface tout ce qu'il rencontre au fond. Cette trombe d'eau, fréquente sur les mers, est dans le cas de broyer des navires, comme le serpent boa broierait un agneau en l'enserrant dans les plis de ses spirales.

Trombes de terre.

29° Le vent contre le vent détermine une trombe de vent, un entonnoir tournant comme une toupie dans l'air, de même que l'eau contre l'eau détermine un entonnoir d'eau creusant la masse d'eau, de la surface jusqu'au fond du lit du fleuve. Deux nuages, refoulant l'air en sens contraire l'un de l'autre, déterminent ces trombes d'air ou trombes de terre : comprimez l'air violemment avec deux palettes inclinées et rapprochées par leur sommet, et vous déterminerez, sur la poussière du sol, un tourbillon, une trombe de sable ou de paille, différant des deux premières seulement par les proportions.

Orages, éclairs et tonnerre.

30° Nous avons dit que le nuage de neige et de glace est imprégné d'hydrogène condensé, gaz qui le soutient d'autant plus haut dans l'atmosphère, que sa formation s'est faite plus haut et dans une région où le gaz soit plus raréfié, c'est-à-dire où les atomes du gaz soient enveloppés d'une plus grande couche d'éther-calorique. Ce nuage tend à descendre, en prenant, par la fusion commençante, une plus grande densité; il arrive dans la région où commence à s'accumuler l'oxygène. Or, chacun sait qu'une simple bluette fait détoner un mélange d'hydrogène et d'oxygène. Ici ce mélange se fait, comme dans une éprouvette, dans le sein de ce glaçon transparent et réfringent.

Qu'un rayon de soleil, réfracté par les accidents lenticulaires de la surface de ce glaçon, de cette vaste éprouvette, se concentre sur un des foyers de ce mélange, et il n'en faudra pas davantage pour que tout un immense traîneau de glace de plusieurs lieues vole en éclats, avec une explosion capable de faire trembler la terre et avec une flamme dont le dard ardent pourra fondre les lingots d'or, réduire en cendres les plus grands arbres, renverser de fond en comble les tours les plus antiques, et cela dans le moindre clin d'œil : ce dard de la flamme, c'est l'éclair qui frappe ; l'explosion, c'est le tonnerre qui suit l'éclair.

Je déduis des conséquences : soyez conséquents en me lisant; et, avec la meilleure envie de railler, vous resterez convaincus que je ne vise en tout ceci nullement au merveilleux, mais à expliquer les phénomènes atmosphériques : la nature ne change pas de lois en changeant de proportions.

Le bruit de l'explosion suivra d'autant plus près l'éclair, que le nuage sera plus près des témoins de l'orage ; et l'orage prendra la direction vers laquelle l'air, que le nuage refoule et qui le charrie, pour ainsi dire, éprouvera le moins d'obstacle de la part des accidents du terrain. En général, l'orage suit le cours des fleuves de préférence aux voies de terre, et, après le cours des fleuves, de préférence les longs rubans des chemins de fer.

L'orage du 17 juillet 1865 est un exemple, sur une large échelle, de cette seconde préférence; car il a marqué de ses désastres toute la ligne du chemin de fer du Nord, à partir de Saint-Quentin jusqu'à Liége et au delà, sans s'en écarter, à droite et à gauche, que par deux étroites lisières, et avec une rapidité telle, qu'il a franchi en deux heures la distance entre Saint-Quentin et Liége, en suivant les sinuosités du chemin de fer, plus de 25 lieues. Il ne faudrait pourtant pas déduire de ce principe qu'on soit plus en danger, pendant un orage, quand on voyage par les chemins de fer que par toute autre voie de communication : je ne sache pas que les journaux aient mentionné un cas authentique de mort par ces sortes d'accidents; car le voyageur est protégé contre la foudre par l'action isolante de la couleur à l'huile et du vernis qui enduisent le wagon, ainsi que par la vitre qui clôt les portières, mais surtout par la vapeur d'eau et la fumée goudronnée, qui, rejetées en arrière par la résistance de l'air, enveloppent constamment le convoi comme dans une nue protectrice.

Grêle, grêlons, grésil, grésillons.

31° Une telle explosion doit réduire en poudre le nuage de glace, comme l'explosion d'un mélange d'hydrogène et d'oxygène réduit en poudre le plus épais flacon de cristal. Si le nuage est proche de la terre, il pleuvra des fragments solides de ce vaste radeau, fragments qui s'usent en s'entre-choquant, de manière à modifier leurs formes extérieures, à roder leurs angles, et, comme forces égales, à prendre les mêmes dimensions. En général, il pleut alors de la *grêle* en *grêlons* plus ou moins considérables selon les chances de l'explosion. Ces grêlons varient de poids, depuis un gramme jusqu'à plusieurs kilogrammes, dans nos contrées; l'histoire en mentionne des blocs du volume d'un à deux mètres de long sur plusieurs centimètres d'épaisseur. Leur forme varie à l'infini, selon qu'ils s'entre-choquent, qu'ils s'isolent, qu'ils fondent en tombant; il en tombe de ces blocs qui gardent les dimensions et l'aspect anguleux des fragments de glace que charrient nos fleuves après la débâcle.

Il ne faut pas confondre les *grésillons* avec les *grêlons* : les *grêlons* sont des fragments d'un nuage qui a fait exploxion ; les *grésillons* sont des gouttelettes d'eau qui se sont condensées en passant d'une région échauffée par le soleil dans une région refroidie par le passage et sous l'ombre d'un nuage. Le *grésillon*, toujours de forme arrondie, sphérique ou ovoïde, a tout le cotonneux du flocon de neige (17°) avec un peu plus de compacité ; par le temps de giboulées, il pleut des grésillons; ce n'est pas de la neige, c'est du grésil.

Gouttes de pluie d'orage.

32° Les fragments du nuage de glace, qui a fait explosion dans le plus haut des airs, ne peuvent traverser l'air sans s'échauffer et sans subir un commencement de fusion sur toutes les surfaces. En général, ils arrivent en complète fusion et tout à fait liquides à terre ; en gouttelettes de pluie plus ou moins larges, mais toujours plus larges que par les pluies ordinaires, par les pluies provenant de la fusion lente et filtrée des nuages. Les gouttes sont d'autant plus larges que l'explosion du nuage de glace a eu lieu plus près de nous.

Nomenclature des nuages.

33° Avant d'aborder l'application de ces principes à la prévision du temps, il n'est pas inutile de convenir d'une nomenclature, pour pouvoir désigner l'aspect du ciel par celui des nuages.

Nous nommons :

Ciel magnifique, le ciel sans aucun nuage, vapeur ou brouillard.

Ciel assez nuageux, ou *assez beau,* quand les nuages recouvrent environ la moitié de l'espace.

Ciel nuageux, ou *beau,* quand l'espace qu'ils recouvrent équivaut au quart de la calotte apparente du ciel ; et *très-beau,* si les nuages sont rares.

Ciel très-nuageux, quand la surface qu'ils recouvrent équivaut aux trois quarts de la calotte apparente du ciel.

Ciel argenté, c'est-à-dire, ciel d'un bleu pur et parcouru par de gros nuages blancs comme la neige, argentés sur les bords par la lumière du soleil et nettement profilés sur le fond du ciel : ces nuages commencent à se montrer dès le printemps.

Ciel couvert, quand la couche de nuages accidentés cache entièrement la calotte du ciel.

Ciel tamisé, quand la couche de nuages qui recouvrent le ciel est tout unie et comme nivelée ou passée au tamis.

Ciel enfumé, quand au-dessous de la couche tamisée courent des nuages ardoisés qui se déroulent comme une fumée : ces flocons ne sont autres que des nuages de pluie que l'air comprimé par les nuages supérieurs lance par-dessus nos têtes et à de grandes distances vers la terre.

Ciel sombre et *ardoisé,* quand la couche de nuages qui recouvrent le ciel laisse passer fort peu de lumière.

Ciel givreux, ciel des temps froids, qui tamise assez de lumière et ressemble à un verre dépoli.

Ciel voilé, ciel que recouvre comme une vapeur qui tamise la lumière, et où le blanc vaporeux remplace le bleu du ciel.

Ciel vaporeux, quand le bleu du ciel est recouvert comme d'une gaze, par les vapeurs d'eau.

Ciel vaporo-nuageux, quand le ciel vaporeux est en même temps parcouru par les nuages.

Ciel brouillardé, quand un brouillard raréfié permet de distinguer l'horizon et même le zénith.

Ciel pluvieux, quand il menace de la pluie.

Ciel gibouleux, quand, d'instant en instant, il passe au zénith des nuages qui déchargent des giboulées.

Ciel cerné, quand l'horizon est bordé et ceint de nuages ordinaires sans trop d'accidents de surfaces.

Ciel alpestre, quand les nuages qui cernent l'horizon présentent l'aspect de hautes montagnes de neige, avec leurs immenses glaciers, leurs créneaux, leurs pitons, leurs contre-forts et leurs cimes qui se déforment et s'inclinent d'instant en instant en fondant sous l'action des rayons solaires. C'est du haut d'une colline ou d'un plateau, que l'on est plus à même de bien observer, à l'horizon, le magnifique panorama d'un *Ciel alpestre*. Ainsi, à Bellevue, Clamart, Bicêtre, au Mont-Valérien, à Montmartre et même sur la route d'Orléans, il n'est nullement rare d'observer ce magnifique phénomène ; car l'œil plonge alors sur la surface supérieure de cette chaîne de montagnes de neige ; tandis que, dans le fond d'un vallon, on ne voit les nuages que par leur surface inférieure, celle que la fusion de la neige et le filtrage de l'eau unissent et ardoisent.

Ciel moutonné, lorsque les nuages s'avancent sous la voûte du ciel, isolés, mais rapprochés, égaux de forme et d'aspect, arrondis ou ovoïdes, enfin, par une image grossière, analogues à un troupeau de moutons aperçu à vol d'oiseau.

Ciel treillagé, quand le radeau de nuages par suite d'un mode de fusion partielle, aminci et comme découpé, forme un treillage de barres s'enlaçant régulièrement et sous un même angle variable chaque fois.

Ciel guilloché, ou ciel des grands froids, offrant des surfaces recroquevillées en arabesques, et comme de ces arborisations qui recouvrent nos vitres.

Ciel digité, lorsque d'un point de l'horizon émergent, en divergeant, des filets longs et empennés de nuages, sous forme d'un éventail ; on dit alors *digité* par le point de la rose des vents sur lequel ces filets nuageux s'implantent : digité par N. ou S. ou N. O., etc.

Ciel panaché, quand les nuages affectent la forme de longs panaches blancs.

Ciel interférent, à nuages en longues lames parallèles ou concentriques et normales à la direction qu'ils suivent.

Ciel strié, quand les nuages s'étirent en filets parallèles ou divergents.

Ciel aranéeux, quand le ciel est comme tendu d'une apparence de toile d'araignée, par un réseau de longs jets nuageux.

Ciel charriant, quand les nuages, en compartiments plus ou moins angulaires, voyagent comme de conserve et en gardant entre eux les mêmes espacements.

Ciel erratique, quand les nuages éblouissants de blancheur, sur les bords spécialement, voguent sous un ciel bleu sans aucune direction arrêtée, s'éloignent, se rapprochent et se confondent souvent, deux à deux ou trois à trois, pour former un nouveau nuage.

Ciel flottant, quand sous un ciel bleu, un immense nuage, plus ou moins treillagé, vogue comme un de ces radeaux de bois flotté qui se laissent aller au courant du fleuve.

Un nuage de pluie, déforme son profil au gré du vent et comme le fait un tourbillon de fumée ; il est sombre ou ardoisé.

Un nuage de neige est éblouissant de blancheur par la réflexion des rayons solaires, quand nous le voyons de face ; ardoisé, quand nous le voyons par-dessous. Il ne se déforme, il n'altère ses contours qu'en fondant aux rayons solaires ; on voit alors ses pitons se rapprocher mollement de ses vallées ou de ses collines, et ses flancs se creuser de vallées.

Un nuage de glace a ses bords anguleux et nettement tranchés ; il garde longtemps son profil ; il est souvent si transparent, qu'on voit les astres et le bleu du ciel, çà et là, à travers son épaisseur.

Le ciel flamboyant est le ciel magnifique, grandiosement coloré avant le lever ou après le coucher du soleil.

Le ciel coloré, *assez coloré*, *très-coloré,* est le ciel nuageux dont les nuages, occupant le quart, la moitié, les trois quarts du ciel, sont colorés d'un côté en aurore, en pourpre, en jaune d'or ou en différentes nuances de ces trois couleurs, et de l'autre côté en bleu plus ou moins intense.

N. B. Cette nomenclature peut suffire pour désigner l'aspect général du ciel, sauf, dans les observations journalières, à tenir compte des particularités exceptionnelles.

Arc-en-ciel.

34° *L'arc-en-ciel* ou *iris*, cette messagère du calme après la tempête, d'après la mythologie, est plutôt l'effet et la conséquence que la cause du calme. *L'arc-en-ciel* n'apparaît que lorsque le nuage pluvieux s'éloigne de notre zénith et qu'il continue à pleuvoir par calme en s'éloignant de nous. Il ne se peint que sur un rideau perpendiculaire de pluie ; et il s'éloigne de nous avec ce rideau qui sert, pour ainsi dire, de toile au pinceau des rayons solaires. Les extrémités de l'arc, qui reposent sur la terre, ne sont souvent qu'à une distance de quelques dizaines de mètres du lieu de l'observation. Mais, pour que *l'arc-en-ciel* se peigne ainsi sur ce tableau perpendiculaire qui s'éloigne, il faut qu'un nuage de glace s'interpose entre ce tableau et le soleil, et que les bords de ce nuage dévient, par diffraction, les rayons lumineux au moyen d'une courbe en quelque sorte lenticulaire. Ce sont les rayons qui glissent contre les bords de ce glaçon lesquels viennent se peindre sur la toile de pluie, sous différents angles qui les font diversement diverger vers notre œil ; les plus divergents nous donnant la sensation de la couleur rouge, les suivants celle de la couleur bleue, les suivants celle de la couleur jaune ; trois couleurs les plus apparentes et qui, en se mêlant à leurs points de contact, fournissent des nuances appréciables. Pratiquez au volet d'une chambre obscure un croissant à travers lequel puissent passer les rayons solaires, et vous recueillerez, sur un écran parallèle au volet, l'image d'un *arc-en-ciel* céleste.

Mais que le moindre souffle vienne déranger la perpendicularité du rideau de pluie et y former un nuage, et l'arc-en-ciel éprouvera à cette place une solution de continuité, comme cela se passerait sur un écran de la chambre obscure à l'endroit où l'on déchirerait et l'on bossellerait la toile.

Aurore boréale et lumière zodiacale.

35° L'aurore boréale n'est due qu'à la réflexion des rayons solaires par les facettes d'un nuage de glace situé sous l'horizon ; elle n'est visible que la nuit et ne présente jamais les mêmes phénomènes, variant en raison des accidents météorologiques qui modifient les facettes du glaçon que rencontrent les rayons solaires. De là vient que cet accident ne se montre que vers la partie polaire de l'horizon, et que ce phénomène nocturne est d'autant plus fréquent, d'autant plus beau à voir et d'autant plus près du point nord de l'horizon, qu'on habite plus près du cercle polaire de l'un ou de l'autre hémisphère. Il ne faut pas aller plus loin que la Belgique, pour avoir plus d'occasions qu'à Paris d'observer des aurores boréales.

Le 27 août de l'année précédente, à neuf heures du soir, un nuage, occupant la partie nord du ciel à une élévation de 30° au-dessus de l'horizon, se colora d'un magnifique rouge pourpre qu'on ne pouvait attribuer à la réflexion de l'éclairage de Paris ; je n'hésitai pas à dire que nous avions sous les yeux un effet de quelque aurore boréale. Le lendemain, le journal annonçait, par dépêche télégraphique, qu'à la même heure on avait eu le spectacle d'une aurore boréale à Stockholm ; notre nuage en avait sans doute reçu un reflet.

Dans une chambre obscure, vous reproduirez ce phénomène, en faisant parvenir les rayons lumineux sur un système de corps réfléchissants placés au-dessous d'un écran qui les cache à la vue ; vous pourrez varier la physionomie de ces petites aurores boréales, de manière à y retrouver la reproduction de toutes celles que vous aurez pu observer de vos propres yeux.

La lumière zodiacale dont parlent tant les astronomes, et que peut-être nul d'entre eux n'a jamais aperçue, pas plus que moi, ne saurait être, quand elle se manifeste, de même que l'aurore boréale, qu'un effet de réfraction des rayons lumineux par l'interposition d'un nuage de glace situé au-dessous de l'horizon, avant le lever ou après le coucher du soleil.

Quand ces effets de réfraction ont lieu pendant le jour, on ne leur donne aucun nom, parce qu'on en aperçoit la cause. La lumière est zodiacale, quand le nuage lenticulaire qui la réfracte a son foyer dans l'écliptique ou zodiaque. La science est pavée de ces doubles emplois.

N. B. Nous venons de décrire les divers phénomènes qui sont plus spécialement l'objet de la météorologie ; nous devons maintenant étudier les lois qui président à leur retour.

Atmosphères éthérées des astres.

36° Nous avons déjà dit que tout atome visible ou invisible, simple ou composé, ne se met en mouvement qu'en augmentant son atmosphère éthérée aux dépens de l'atmosphère plus volumineuse d'un autre atome. Cette incessante soustraction fait décrire au moindre des deux atomes une spirale écliptique autour de l'atmosphère d'un diamètre supérieur ; mouvement qui continue jusqu'à ce que les deux atmosphères soient devenues égales, marchent de conserve et forment une nouvelle unité, qui se mouvra autour d'une atmosphère plus riche, attirant à son tour et mettant en mouvement autour de son écliptique les atomes moins riches qu'elle en atmosphère de calorique-éther.

Les astronomes se sont ingéniés à établir que la lune ne laisse pas que de tourner sur son axe, quoiqu'elle ne vous présente jamais qu'un de ses hémisphères. C'est un de ces jeux d'esprit qui faussent les idées et finissent par faire accepter des conventions pour des vérités. La lune, ainsi que tout autre satellite, fait partie du système atmosphérique de la terre, suspendue par la légèreté des gaz qui l'imprègnent (17°) à la distance de la terre de plus de 96,000 lieues de 4 kilomètres à la lieue. Elle tourne, comme tout notre système, autour de l'axe de la terre, retardée par sa pesanteur spécifique et par l'action et l'échange (6°) du calorique du soleil. C'est le seul satellite visible de notre système, quoique l'analogie nous indique hautement que nous devons en avoir d'autres qui se dérobent à la faible portée de nos instruments d'observation.

Ne confondez pas l'atmosphère aérienne des physiciens, atmosphère dont ils placent la limite à environ seize lieues de la surface de la terre, avec ce que nous entendons par atmosphère éthérée de la terre : l'atmosphère des physiciens n'est que la région la plus basse de l'atmosphère éthérée, celle où s'élèvent, par rang de pesanteur spécifique, les gaz et émanations qui s'exhalent de la terre. Les gaz les plus pesants occupent les couches les plus basses ; et ils s'élèvent de plus en plus haut, à mesure que leurs atomes deviennent plus légers en augmentant le diamètre de leur atmosphère de calorique. Car rien dans ce monde ne reste stationnaire ; tout se meut pour se modifier ; tout passe pour tendre indéfiniment vers un état supérieur au premier.

Notre terre tourne donc, ainsi que tout son système

éthéro-atmosphérique, y compris la lune, autour d'une des zones de cette atmosphère éthérée du soleil, que nous nommons la solatmosphère et que la terratmosphère oscule pour s'accroître aux dépens de l'atmosphère du soleil. Qui sait si l'image du soleil n'est pas autre que le point de la solatmosphère où se fait à chaque instant cet échange de calorique, ce dégagement de calorique au moyen de ce que nous pourrions comparer au frottement de deux globes tournant l'un autour de l'autre ? Idée imprévue qu'on n'émet qu'avec la plus respectueuse réserve, et comme en demandant pardon d'une telle témérité à la sublimité de la nature.

37° Quoi qu'il en soit de ce rapport de communication et d'échange, il est un autre rapport, celui de la compression, qui désormais semble avoir pris pied dans la science, pour se substituer à la théorie de l'attraction, laquelle n'était fondée que sur une donnée absurde, vu qu'elle est inconciliable avec les lois de l'univers.

Une planatmosphère ne peut circuler autour d'une solatmosphère, sans qu'il se produise de part et d'autre une dépression aux points de contact et d'osculation. La pyramide ou cône d'éther, qui supporte, de chaque côté des deux atomes, cette corde, est plus courte que toutes les autres qui restent en dehors.

Cette corde osculatrice se déplace par la rotation et décrit le cercle de l'orbite.

38° Il suit de là que notre terratmosphère subit, en tournant autour du soleil, une compression de la part de la solatmosphère, de la part de la lunatmosphère qu'elle entraîne avec elle, enfin de la part même de toutes les planatmosphères, à quelque zone de la solatmosphère qu'elles parcourent le cercle de leur orbite : compressions accessoires dont la force diminue sans doute avec l'éloignement, mais dont un jour il ne faudra pas moins tenir compte dans les calculs relatifs à la prévision du temps.

Signes barométriques.

39° Le baromètre nous donne, pour ainsi dire, la mesure de cette compression, en nous indiquant les rapports de hauteur de la colonne atmosphérique qui fait contre-poids à la colonne mercurielle. Moins la colonne atmosphérique est élevée et plus la colonne barométrique abaisse son niveau ; plus la colonne atmosphérique s'allonge, en devenant libre et abandonnée à elle-même, et plus le niveau de la colonne barométrique s'élève. Nous allons voir pourquoi ces variations de niveau sont des signes de retour vers le beau ou mauvais temps.

40° Nous avons établi que les nuages de neige ou de glace se forment dans les couches les plus élévées et les plus froides de la terratmosphère. La colonne d'air qui les supporte ne peut se raccourcir par la compression des atmosphères contiguës, sans que ces nuages descendent dans les régions plus chaudes que celles qu'ils occupaient. Là ils tendent à fondre, et, en fondant, à acquérir plus de densité et de pesanteur spécifique, circonstance qui activera de plus en plus leur abaissement. En comprimant les couches d'air, comme un immense soufflet hydraulique, le nuage descendant déterminera le vent ou la tempête, en raison de la rapidité de sa descente, et l'orage, quand, en s'entre-choquant avec un autre nuage et comme en battant le briquet, il aura fait jaillir l'étincelle qui doit rencontrer le mélange explosif du gaz hydrogène que le nuage recèle et du gaz oxygène de l'air ambiant, ou bien quand les rayons solaires, concentrés par un glaçon lenticulaire, atteindront à leur foyer un pareil mélange.

41° Les nuages accumulés sembleront au contraire disparaître et comme se dissoudre dans l'air, quand la colonne d'air qui les supporte, rendue à son antagonisme, montera comme pour se mettre au niveau des colonnes contiguës, ce qu'indiquera l'élévation de la colonne barométrique. L'agitation de l'atmosphère fera place au calme, dès l'instant que ce mouvement d'ascension se manifestera ; car rien ne refoulera plus dès lors la couche d'air de haut en bas ; alors les nuages qui couvraient l'horizon finiront en s'élevant par disparaître à notre vue.

Un nuage qui diminue de diamètre monte ; un nuage qui grossit à nos yeux et augmente son diamètre descend.

Les rapports du thermomètre avec le baromètre se modifient avec les saisons : En hiver le thermomètre baisse quand le baromètre monte, et monte quand le baromètre descend. En été, c'est en général le contraire : pourquoi ? Parce que l'atmosphère est froide en hiver et chaude en été. Si le baromètre monte, le ciel se découvre et nous laisse arriver librement la température atmosphérique froide en hiver et chaude en été. Si le baromètre baisse, le ciel se couvre et intercepte la température de l'air, froide ou chaude : nous avons chaud dès lors en hiver et froid en été. Cette règle est plus appréciable en hiver qu'en été, et c'est en cette saison qu'on peut le mieux mettre en évidence que le thermomètre baisse quand le baromètre monte, et monte quand le baromètre baisse.

Prévision du temps.

42° Or, la série des compressions atmosphériques que subit notre terratmosphère est toute tracée par la marche apparente du soleil et par la succession des phases de la lune, deux causes de changements dans la hauteur de la colonne atmosphérique, auxquelles on pourra un jour ajouter, pour servir dans la pratique, les influences de compression qui émanent des planètes.

43° Le refoulement de la surface de l'océan atmosphérique ne saurait mieux être représenté que par le refoulement de l'océan terrestre : ce dont on peut se faire une image exacte en agissant par compression sur un simple bassin rempli d'eau.

Marées atmosphériques d'un quart de jour, du fait de la compression solatmosphérique.

44° Suivons donc le cours apparent du soleil sur son cercle diurne et sur son cercle annuel.

A son lever il est plus éloigné de notre station qu'à midi : donc plus il s'avancera, de six heures du matin vers le méridien et plus il refoulera notre atmosphère. Plus le soleil s'avancera, vers le colure de six heures du soir, et plus la portion refoulée de l'atmosphère tendra à reprendre son niveau et à se remettre en équilibre au-dessus de nos têtes. Du fait de la marche diurne du soleil, le baromètre descendra de six heures du matin à midi et remontera de midi à six heures du soir.

Mais ce reflux n'arrivera à l'équilibre que vers minuit, et le flux de minuit à six heures du matin ; en sorte que, sans l'intervention de la lune, et par le fait seul du soleil, notre océan atmosphérique aurait ses marées de six heures en flux et de six heures en reflux, comme notre océan terrestre.

Marées atmosphériques d'un quart d'année, du fait de la compression solatmosphérique.

45° Mais, par le fait de son cercle annuel, la compression solatmosphérique détermine des marées dont la durée n'est plus de six heures, mais bien de trois en trois mois.

Lorsque le soleil s'avance du tropique du Capricorne vers notre hémisphère, il refoule les couches terratmosphériques vers le nord et abaisse d'autant leur niveau de jour en jour, jusqu'à ce qu'il soit arrivé à la ligne équinoxiale, où, par suite de l'élévation du globe à l'équateur, la terratmosphère doit éprouver, de la part de la solatmosphère, une compression plus forte et un refoulement plus prononcé.

A partir de cette époque, et le refoulement augmentant vers le nord, la colonne barométrique atteint de ce fait ses plus grandes hauteurs, jusqu'à ce que le soleil soit parvenu au tropique du Cancer, c'est-à-dire au solstice d'été.

La vague qui avait monté jusqu'alors revient par un reflux sur elle-même.

Elle revient par l'autre côté de la calotte hémisphérique où le refoulement l'avait accumulée. La colonne barométrique atteindra sa plus grande hauteur pour retomber plus bas, quand le soleil aura atteint de nouveau la ligne équinoxiale. Le baromètre reprendra sa marche ascendante, quand le soleil se dirigera de cette ligne vers le tropique du Capricorne, c'est-à-dire vers le solstice d'hiver, et ainsi de suite. Mais il y a une autre circonstance astronomique qui tend à modifier cette indication : c'est que le soleil est plus près de la terre, c'est-à-dire est vers son *périgée*, pendant qu'il parcourt la moitié australe du zodiaque, et qu'il est plus éloigné de la terre (*apogée*) pendant qu'il en parcourt la moitié boréale. L'influence de la compression solatmosphérique sera donc plus forte pendant les mois de l'automne et de l'hiver que pendant les mois du printemps et de l'été.

46° Vous remarquerez que la colonne barométrique, en général, se maintient à un niveau plus élevé en été qu'en hiver ; aussi le solstice d'hiver est plus fécond en tempêtes que le solstice d'été, l'équinoxe du printemps beaucoup plus que l'équinoxe d'automne, et le voisinage du solstice d'hiver plus fécond en tempêtes que le voisinage des équinoxes.

Dans notre *Revue complémentaire des sciences appliquées,* tom. II, page 107, novembre 1855, nous croyons avoir suffisamment démontré que la marée océanique ne procède qu'en suivant la longitude, c'est-à-dire de l'équateur vers chaque pôle. La marée atmosphérique, effet de la même cause, obéit à la même loi : son flux et son reflux se font par la longitude, l'ascension du baromètre partant du sud au nord et son abaissement du nord au sud ; en sorte que quoique, sur toute la ligne longitudinale s'opère à la fois le ricochet d'ascension ou d'abaissement barométrique, il arrivera que deux points distants pris sur cette ligne n'offriront jamais la même indication barométrique à la fois, mais bien successivement. Ce qui fera que, quoique le baromètre soit en ascension, il pourra pleuvoir sur un point pendant qu'il fait encore beau sur un autre point de la même ligne longitudinale. La prévision du temps, pour les menus détails, est toute locale ; chaque localité doit donc tenir registre des observations journalières en fait de météorologie, pour connaître d'avance, à chaque année correspondante du cycle lunaire de dix-neuf ans, les phénomènes atmosphériques spéciaux à cette région.

Marées atmosphériques du fait de la compression lunatmosphérique.

47° Les influences que nous venons de signaler pour

les quatre points solaires se répètent quatre fois par mois du fait de la lune, et elles accroissent ou amoindrissent l'intensité des influences solaires, selon que la lune s'avance dans le sens ou à contre-sens de la marche du soleil.

48° La lune partant du *lunestice austral* (L. A.) pour se diriger vers le *lunestice boréal* (L. B.), c'est-à-dire du signe du Capricorne vers le signe du Cancer, refoule devant elle les vagues atmosphériques et par conséquent les vagues océaniques vers le nord; aux premiers instants, et par suite de ce refoulement, la mer monte et le baromètre s'élève de plus en plus dans nos contrées : ce que produit toute vague qui enfle parce qu'elle est refoulée.

Mais à la lame convexe succède la lame concave, et le baromètre ne tarde pas à baisser proportionnellement à ce dont il était monté; le summum de cet abaissement se manifeste à l'*équilune* (Eq. L.), c'est-à-dire, quand la lune est arrivée à la ligne équinoxiale et à 0° de déclinaison.

Il ne faudrait pas croire que le refoulement de l'atmosphère se reproduira avec la même intensité à la fois sur toute l'étendue des régions placées sous le même parallèle; il est évident, par ce que nous connaissons du mouvement des vagues liquides, que la baisse sera au même instant plus forte en un endroit de la même latitude que dans l'autre. Mais il est évident aussi que l'ondulation d'un point donné se propagera, successivement et peu à peu, dans le sens de la direction de la lame, à droite ou à gauche, et qu'en conséquence, si l'on apprend, par le télégraphe, que la pression atmosphérique signalée par les principes de la prévision du temps se manifeste sur une contrée quelconque du globe, la même pression ne se manifestera, dans les régions situées sur la même latitude, que dans un temps d'autant plus court que la distance des deux localités sera plus faible.

La lune continuant de refouler la vague atmosphérique vers le nord, et la lame refoulée revenant par le pôle sud, remplit de plus en plus le sillage que la pression de cet astre avait laissé ouvert derrière lui, et finit par combler la dépression qu'il opère en refoulant l'air. Le baromètre remonte à mesure que la vague atmosphérique s'élève de nouveau, jusqu'à ce que la lune ait atteint son *lunestice boréal* (L. B.), pour revenir de ce point vers son *lunestice austral* (L. A.), On pourrait appeler ces quatre époques les *quadratures mensuelles de la lune*, et les autres quadratures, provenant de ses rapports avec le soleil, les *quadratures solaires de la lune*. A ces deux ordres de *quadratures* il faut ajouter les *quadratures diurnes*.

49° Car il se produit, de la part de la lune, les mêmes dépressions, pendant son mouvement diurne au-dessus et au-dessous de notre horizon, les mêmes compressions atmosphériques enfin, que de la part du mouvement diurne apparent du soleil (45°) ; mais ce genre d'influence est moins accusé pour la lune que pour le soleil.

50° Quant aux quadratures solaires de la lune, qu'indiquent ses divers aspects, ce sont des circonstances qui doivent augmenter, comme par addition, la puissance des dépressions et des refoulements atmosphériques. En effet, lorsque la lune est en conjonction et interposée entre le soleil et la terre, évidemment la terratmosphère doit subir une double dépression bien plus grande que lorsque la lune est en opposition avec le soleil ; ce qui fait que les phénomènes météorologiques sont plus intenses et plus prononcés autour de la nouvelle que de la pleine lune : tel est l'effet du coin qui s'interpose entre deux résistances. Ce qui n'empêche pas qu'en opposition (pleine lune), la lune n'accroisse sa puissance de dépression par la puissance antagoniste du soleil. Ces effets diminuent graduellement à mesure que la lune avance d'une *syzygie* vers l'un de ses *quartiers*, pour reproduire le mouvement de baisse à mesure que d'un de ses *quartiers* elle se dirige vers une de ses *syzygies*.

51° Les époques de *conjugaison*, c'est-à-dire alors que le soleil et la lune se rencontrent sur le même cercle de déclinaison et à la même distance l'un et l'autre de l'équateur, sont des circonstances qui impriment une plus grande intensité aux phénomènes de dépression atmosphérique qui viennent des autres influences du soleil et de la lune. A l'approche des solstices, les conjugaisons ne sont qu'approximatives, les lunestices ne dépassant pas le 18° 34′ de déclinaison et les solstices atteignant le 23° 27′.

52° Enfin, ainsi que nous l'avons fait remarquer à l'égard du soleil, l'intensité des dépressions lunaires sera plus grande, toutes choses égales d'ailleurs, quand la lune sera à son *périgée* (45°), c'est-à-dire plus près de la terre, qu'à son *apogée* (45°), c'est-à-dire plus éloignée de la terre.

Les périgées et apogées de la lune reviennent aux mêmes époques de l'année solaire tous les neuf ans à peu près, et tous les dix-huit ans avec plus d'approximation.

Toaldo en avait conclu que les quantités de pluie seraient égales entre les années correspondantes de ce cycle : la conclusion n'était pas rigoureuse.

C'est en calculant toutes ces données, fournies par la théorie et confirmées par une observation diurne et nocturne de plus de dix-huit ans, qu'on arrivera un jour à un équivalent d'exactitude, en fait de prévision du temps ; exactitude qu'il nous paraît aujourd'hui impossible d'atteindre et qui est ridicule à énoncer, si ce n'est avec la réserve d'une simple probabilité.

En attendant, et en ne considérant que comme des données approximatives les résultats de nos observations de près de dix-huit ans qui nous ont amené à cette nouvelle théorie, nous allons formuler les règles qui, pour les usages locaux, peuvent permettre de *prévoir le temps*, à quelque distance que ce soit, d'une manière plus que probable ; et avec une plus grande probabilité les variations de hauteur de la colonne barométrique, d'où découlent le beau et le mauvais temps.

53° Le niveau de la colonne barométrique ne saurait baisser, sans que les nuages, invisibles par leur éloignement, deviennent visibles par leur rapprochement et sans que le ciel se couvre.

Le niveau de la colonne barométrique ne saurait monter, sans que les nuages en s'élevant semblent diminuer d'étendue et sans que le ciel se découvre.

La pluie, en été ou par les journées chaudes d'hiver, survient d'autant plus vite et tombe plus abondamment, que le niveau de la colonne barométrique s'abaisse davantage. Dans nos climats, de $0^{m},729$ à $0^{m}, 735$ d'élévation de la colonne barométrique, nous avons tempête et, à la suite, des torrents d'eau.

Le thermomètre remonte d'autant plus que le baromètre redescend, et *vice versa*.

Comètes.

54° Cette coïncidence entre l'abaissement de la colonne barométrique et l'arrivée de la pluie n'est mise en défaut que par l'apparition d'une comète au-dessus de notre horizon : dans ce cas, à une température souvent sibérienne succède brusquement une chaleur tropicale ; les nuages cessent de se montrer, alors que le baromètre atteint la limite ordinaire de sa dépression ; ou s'il en apparaît, on les voit fondre, pour ainsi dire, dans l'air en un brouillard sec qui rase la terre, et en vapeurs qui voilent le ciel et en ternissent l'azur ; les hautes régions de l'atmosphère, échauffées par l'effet de ce miroir ardent, se saturent indéfiniment des vapeurs d'eau qui se dégagent des nuages ; il pleut, pour ainsi dire, en haut, alors, au lieu de pleuvoir en bas. Mais, dès que ce genre d'influence cesse et que la comète s'éloigne du soleil, il se fait alors une réaction égale, mais en sens contraire, à cette anomalie : les vapeurs d'eau que l'action calorifique avait fini par accumuler dans les régions supérieures de l'atmosphère éthérée, se condensent en nuages de neige et de glace, par suite d'un refroidissement consécutif, et ces nuages, se rabattant dans les couches inférieures de notre atmosphère aérienne aux époques de l'abaissement de la colonne barométrique, finissent par fondre, avec l'appareil effrayant des orages, en pluies torrentielles, et comme si tout à coup les cataractes du ciel venaient à crever sur nos têtes ; ce qui dure jusqu'à ce que la machine météorologique, débarrassée, pour ainsi dire, de son trop plein et s'étant remise en équilibre, ait repris son mouvement normal d'oscillation. Or, telle a été la succession des deux phénomènes contraires que nous avons eu l'occasion d'observer en 1865, et qui a dérangé en avril, mai et septembre 1865, la concordance des prévisions météorologiques avec les événements, concordance qui s'était si bien soutenue dans le trimestre précédent (*). Une comète avait été signalée au Chili, vers la fin de mars, elle a dû séjourner sur notre horizon du 3 avril au 7 mai 1865, temps pendant lequel nous avons eu une température tropicale, après un mois de mars constamment froid. Mais, à partir du 9 jusqu'au 26 mai, il ne s'est presque pas passé un jour sans pluies tor-

(*) Voir mes deux lettres dans le journal le *Siècle*, les 15 avril et 25 mai 1865.

rentielles et sans orages effrayants ; en septembre on a signalé de nouveau une ou deux comètes.

Or, le retour de ces astres excentriques, dans l'état actuel de la science, ne saurait se prévoir ; et leur apparition ne peut être souvent constatée qu'à l'aide des longs télescopes de nos grands observatoires, où l'on dort la nuit tout aussi bien que le jour, dans le fauteuil académique. Mais, à l'aide des indications que nous venons de donner ci-dessus, et que nos observations n'ont jamais trouvées en défaut, on pourra chaque fois deviner le retour de ces astres et constater la durée de leur apparition, l'instant de leur éloignement, ainsi que la durée de la réaction consécutive, durée qui est proportionnelle à celle qui a signalé leur influence et leur action.

Qu'est-ce qu'une comète ? Un rien visible, a dit un académicien, aussi excentrique qu'elle ; un éclat détaché du soleil, a dit un autre ; enfin, un corps indéterminable et dont l'orbite est une longue ellipse, disent les autres; un astre dont on peut prédire le retour, prédictions qui ne se réalisent jamais qu'avec des coups de pouce de plusieurs années donnés à d'interminables calculs.

Ces messieurs visent tous trop haut pour atteindre juste : restons terre à terre, si nous voulons y voir plus clair.

Une comète est un corps céleste, puisqu'elle obéit aux lois du mouvement universel.

Tout corps céleste se meut circulairement, c'est-à-dire spiralement autour d'un autre corps d'une atmosphère de calorique ou éther (4°) d'un plus grand diamètre.

Son orbite spirale occupe autour du soleil une zone plus développée et dont les limites se rapprochent plus du pôle que celle des planètes, et ces divers tours de spire d'inégal diamètre donnent, à chacune des apparitions de ces astres, les caractères apparents d'une nouvelle orbite et par conséquent d'une comète nouvelle.

Le globe ou noyau d'une comète est un corps transparent, puisque sa substance, au lieu de les réfléchir comme les autres planètes, réfracte les rayons solaires : 1° en forme de queue convergente variable de longueur selon les positions ; 2° en une auréole lumineuse dans laquelle elle semble s'enchâsser et qui lui a fait donner le nom de chevelue (*comètè* en grec) (*).

Le prolongement caudaire ne saurait nous atteindre, puisque nous le voyons dans toute sa longueur, et qu'il se dessine sur l'atmosphère éthérée.

D'un autre côté une comète ne saurait jamais nous heurter, puisqu'elle circule, comme notre terre, autour du soleil, qu'elle a donc, comme notre terre, une atmosphère éthérée qui la tient à distance et de notre terre et des autres planètes de notre système solaire.

(*) La planète Saturne doit être un globe opaque à l'intérieur et diaphane dans sa croûte extérieure, ce qui, selon certaines inclinaisons respectives de sa sphère et de la lumière incidente du soleil, donne à la réfraction des rayons solaires la forme tantôt de deux anses et tantôt d'un anneau bizarre et sans autre explication possible.

Cependant un astre réfringent ne saurait être toujours inoffensif : malheur à la planète ou au satellite d'une planète qui se trouvera au foyer de cette réfraction, au dard de ce miroir ardent, ou dans son voisinage. L'évaporation amènera la sécheresse, dégagera les exhalaisons des foyers putrides et des poisons sommeillant dans les entrailles de la terre, ce qui infectera les airs de miasmes foudroyants ou morbides, et pourra faire voler en éclats ces petites lunes hors de la portée de notre vue, et qui deviendront visibles en tombant, par une parabole, sous forme de bolides, sur la surface de notre sol.

L'apparition d'une comète est donc, comme on l'a pensé dès la plus haute antiquité, un présage sinistre et l'annonce de quelque fléau, qui semblera changer de place, comme par caprice et par enjambées, selon que l'incidence des rayons solaires déplacera le foyer de la réfraction.

Suite des indications pour la prévision du temps.

55° Il y a tendance à l'abaissement du niveau de la colonne barométrique, et par conséquent à la pluie ou à la neige, quand la lune remonte du lunestice austral (L. A.) vers la ligne équinoxiale, c'est-à-dire vers l'équilune (Eq. L.), mais surtout quand la lune redescend du lunestice boréal (L. B.) ; le plus grand abaissement se manifeste vers l'équilune (Eq. L.)

Il y a tendance à l'élévation du niveau de la colonne barométrique, quand la lune remonte de l'équilune vers les lunestices, surtout vers le lunestice boréal.

56° Il y a tendance à l'abaissement du niveau de la colonne barométrique deux jours avant et deux jours après les syzygies, mais d'une manière plus prononcée à la nouvelle (N. L.) qu'à la pleine lune (P. L.). Le niveau s'élève le jour même des syzygies. S'il pleut deux jours avant, il pleuvra moins deux jours après et *vice versa*.

Les nuages ne manquent pas d'arriver, lorsque le niveau du baromètre se maintient stationnaire.

57° La *conjugaison* (*conjug.*), ou la position de la lune sur le même cercle de déclinaison que le soleil, amène aussi une dépression du niveau de la colonne barométrique et une tendance au temps pluvieux.

58° Ces phénomènes acquièrent plus d'intensité au périgée (alors que la lune ou le soleil sont moins éloignés de la terre) qu'à l'apogée (alors que ces deux astres sont plus éloignés de la terre) ; par conséquent plus en hiver qu'en été, du fait du soleil.

De là viennent les différences journalières que l'on remarque, quant à l'aspect du ciel, entre les mêmes jours des années correspondantes dans le cycle lunaire de dix-neuf ans ; vu que les périgées et les apogées ne correspondent pas, en ces années, comme les autres points lunaires, et qu'il arrive souvent que les périgées d'une de ces deux années sont remplacés dans l'autre par les apogées ; ce dont on doit tenir un grand compte dans les supputations de la prévision du temps.

Lors donc que certaines périodes du mois pour l'année 1867 ne s'accorderont pas trop, au sujet des phénomènes atmosphériques, avec les mêmes périodes de l'année 1810 (correspondant à l'année 1867, dans le cycle lunaire de dix-neuf ans), faites une transposition entre les périgées et les apogées du mois de l'année 1810, de manière à les mettre en regard des périgées et apogées de l'année 1867, et vous ferez concorder ainsi les phénomènes journaliers dont vous serez témoin en 1867, avec les phénomènes journaliers de l'année 1810, presque jour par jour.

59° On doit s'attendre à de grandes tempêtes, non-seulement quand l'équilune correspond avec l'équinoxe, mais encore quand la lune marche vers le lunestice austral en même temps que le soleil se rapproche du solstice d'hiver.

Rien n'égale la violence de la tempête et des marées, comme lorsque la nouvelle lune coïncide avec l'équinoxe et l'équilune.

La marée de la coïncidence de l'équilune et de la conjugaison est plus forte que celle de la nouvelle lune ; en sorte que la plus forte marée n'arrive souvent que quelques jours après l'époque marquée dans les tables des hautes marées.

60° Les *quartiers* de la lune suspendent les tendances à la hausse et à la baisse du niveau de la colonne barométrique, tendances qui reprennent leur cours le lendemain.

Les changements de temps, de beau en mauvais et réciproquement, arrivent donc principalement aux lunestices, aux équilunes, à la conjugaison, aux quartiers, de même qu'aux syzygies.

61° La marche de la lune du lunestice austral (L. A.) au lunestice boréal (L. B.) réagit sur l'économie végétale et animale, chaque mois, de la même manière que celle du soleil tous les ans à partir du solstice d'hiver vers le solstice d'été. Vers le lunestice austral, les semis réussissent mieux pour tel genre de culture que pour tel autre, pour les récoltes herbacées que pour les récoltes à grains ; les femmes y ont leurs menstrues et une recrudescence de fécondité ; les crises nerveuses se reproduisent avec plus d'intensité à cette époque, qu'aux trois autres points lunaires ; et les amputés et opérés éprouvent des élancements et commotions qui les tourmentent davantage.

62° Tous les dix-neuf ans les mêmes phases et points lunaires revenant aux mêmes jours de l'année solaire, ramènent à peu près les mêmes phénomènes aux mêmes jours.

Résumé et applications pratiques des principes développés dans le Traité précédent de météorologie.

Le nouveau système de *météorologie théorique et pratique*, fruit d'une observation, heure par heure, de dix-huit ans, se trouve n'être qu'un corollaire du système atomique et cellulaire que nous avons développé dans le *Nouveau système de chimie organique*, dont a publication date de trente-deux ans; le *Nouveau système de physiologie végétale* et l'*Histoire naturelle de la santé et de la maladie* en sont les deux autres corollaires. Car toutes les grandes lois de la nature dont nous faisons autant de sciences, ne sont et ne peuvent être que des corollaires d'un principe qui est l'unité. Or donc, une fois que nous fûmes parvenu à substituer le système des atmosphères éthérées, agissant par échange et ensuite par compression, au système de l'attraction et de la gravitation fondé sur une hypothèse impossible et absurde, de ce principe fécond et inépuisable, il découla évidemment cet autre, à savoir, que l'influence de la lune sur le retour des phénomènes atmosphériques, bien loin de devoir être reléguée dans le coin des rêveries et des chimères, se révélait comme une force mécanique analogue à toutes celles dont s'occupe la physique. Le retour des phases et points lunaires devait donc ramener, par la loi du refoulement des vagues atmosphériques, les mêmes phénomènes chaque fois.

Par une conséquence immédiate, il s'ensuivait que la lune revenant tous les dix-neuf ans, à peu près, au même point du ciel, par rapport à la terre, tous les jours des années correspondantes une à une dans cette période devaient se ressembler sous le rapport météorologique. Or l'expérience nous a démontré que cette conséquence du principe ne manquait pas d'une certaine justesse d'application, quand on tient compte de deux circonstances qui peuvent en déranger la régularité ou en modifier les influences.

En effet et d'abord, le retour des mêmes phases et

points lunaires n'a pas lieu avec une précision mathématique; la période du mois que j'appelle lunestitial, étant de 27 jours (solaires), plus 7 h. 45′ 4″, ce surplus de 7 heures 45 minutes 4 secondes finit, en s'ajoutant après chaque lunaison, par former un jour de plus et par enjamber sur le troisième jour même dans le calendrier. De là peut provenir que les phénomènes du retour, pour une année, n'auront lieu que plusieurs heures, ou un et deux jours après, dans l'année correspondante du cycle lunaire.

Secondement, nous avons eu déjà l'occasion de faire observer que les phénomènes météorologiques sont plus intenses et plus prononcés au périgée qu'à l'apogée (§ 58); or le retour de ces deux points lunaires ne coïncide pas avec le retour des autres; leur cycle est de neuf ans, ou, pour plus grande précision, de 18 ans, ainsi que le comptait Toaldo.

A cause de cette discordance, il surviendra entre les phénomènes, pour le même point lunaire de deux années correspondantes de la période de 19 ans, des différences d'autant plus marquées, que le même point lunaire de retour coïncidera avec le périgée dans l'une de ces années, et avec l'apogée dans l'autre, ou en sera plus distant dans l'une des deux années correspondantes que dans l'autre.

C'est avec des restrictions basées sur ces deux ordres de considérations qu'il faudra se servir de la comparaison de l'une des 19 années précédentes pour la prévision des phénomènes journaliers de l'année correspondante.

Cependant, même sans tenir compte de ces restrictions, on a pu voir, par la comparaison de l'année passée (1866) avec l'année 1809 correspondante dans la période lunaire de 19 ans, avec quelles chances de probabilité, presque jour par jour, les phénomènes à prévoir pour l'année 1866 se sont rapprochés des phénomènes apparus en l'année 1809.

C'est ce qui nous engage à reproduire cette année le tableau des observations faites à l'Observatoire de Paris, trois fois par jour, en 1810, pour servir à la prévision des phénomènes météorologiques qui doivent se reproduire en l'année correspondante 1867.

Mais il ne faudrait pas croire qu'entre ces époques du jour, le temps n'ait pas subi des variations notables. Ces variations sont, sans doute, indiquées dans les cahiers de l'Observatoire, mais ne sont nullement publiées dans les journaux du temps; nous ne pouvons donc en faire usage: l'Observatoire, ainsi que le Muséum, n'est pas ouvert à tout le monde.

Nous aurions pu faire suivre le tableau des observations pour 1810, par ceux des deux autres années correspondantes 1829 et 1848 ; mais à ces deux époques la rédaction de ces tableaux ne se faisait plus que sous la direction de F. Arago, le souverain absolu de ces lieux, qui professait pour les observations météorologiques un dédain égal à sa paresse. En vertu donc de sa volonté, comme il le disait dans une lettre célèbre, on ne mentionna plus, dans les tableaux imprimés des observations, que l'état du ciel à midi ; en sorte que cet instant fugitif semble avoir été pris par lui pour la moyenne de toute la journée : Arago n'en faisait pas d'autre ; il était homme, pendant toute une journée de tourmentes atmosphériques, à s'attacher à une éclaircie de cinq minutes survenue à midi. Enfin on a fini par lui arracher des mains le crayon de la météorologie, et lui prouver qu'elle pouvait s'élever à la hauteur des autres sciences, à l'aide de la persévérance, de la logique et de la bonne foi.

La comparaison de l'année 1810 avec l'année 1867 pour déterminer les changements de temps et la physionomie atmosphérique de chaque jour, ne s'applique qu'à la circonscription de Paris.

Quant aux autres localités, on aura, pour se guider dans la prévision du temps, l'annotation des phases et points lunaires ou solaires, interprétés d'après les principes exposés dans le traité succinct de météorologie, surtout à partir de la page 122, et l'on arrivera à des résultats peut-être plus dignes de confiance que ceux que les paresseux d'esprit se contenteront de puiser, pour le climat de Paris, sans autre correction, dans les indications de l'état du ciel que donne le tableau ci-dessus des observations météorologiques de l'année 1810. Je signale spécialement les trois observations suivantes :

1° La persistance exceptionnelle du beau et de la sécheresse indique toujours l'apparition d'une comète, qu'elle soit visible ou invisible à la vue simple. Il fut un temps où on ne voyait une comète à l'Observatoire de Paris, que huit ou dix jours après qu'elle était signalée par les paysans qui venaient au marché. Je ne sais pas si aujourd'hui il en est de même ; mais ce qui est certain, c'est que du jour où l'on a déterminé la courbe de l'orbite d'une comète, on peut prédire et la durée de son influence calorifique, et l'époque où la réaction pluvieuse, qui est la conséquence de l'éloignement de l'astre, amènera des torrents d'eau.

2° La forme lenticulaire simple ou multiple d'un nuage peut également donner lieu à une élévation de température exceptionnelle, mais qui n'est que passagère et redescend à l'état normal avec la disparition du nuage.

3° Troisièmement enfin, le désaccord que l'on pourra trouver entre les phénomènes journaliers des années correspondantes vient aussi de ce que la nomenclature adoptée avant nous, pour désigner les divers états du ciel, était grandement arbitraire, et que les mots qui nous sont communs n'avaient pas la signification précise que nous leur attachons dans notre traité ; ainsi on a pu s'apercevoir, par l'étude comparative des phénomènes de l'année 1866, que le mot *très-nuageux*, employé par l'observateur de 1809, revenait à celui de *pluvieux* par le passage d'un nuage.

Règles presque générales : 1° S'il n'y a pas concurrence d'autres phases et points lunaires, le baromètre remonte et le beau temps revient à l'approche des lunestices, surtout du lunestice boréal ; le baromètre redescend et le mauvais temps revient à l'approche des équilunes et le lendemain des lunestices.

2° Par suite d'un temps d'arrêt, le baromètre cesse

de remonter, et le beau temps de continuer, à une égale distance de l'équilune et du lunestice ; il cesse de redescendre, et le mauvais temps de continuer, à une égale distance du lunestice et de l'équilune, la durée d'une vague atmosphérique ascendante ou descendante ne dépassant presque pas le troisième jour.

3° Le même temps d'arrêt a lieu à chaque quartier de la lune, pour les périodes d'ascension ou d'abaissement barométrique.

4° Le baromètre remonte également le jour solaire dans lequel s'enchâsse une des deux syzygies, surtout la pleine lune (P. L.).

5° Les discordances entre les indications des jours de l'année 1810 et les phénomènes des jours corrélatifs de l'année 1867, s'expliquent par la différence des époques respectives des *périgées* et des *apogées* ; transportez alors par la pensée les périgées d'une année aux périgées de l'autre, et les apogées aux apogées, et les phénomènes météorologiques reprendront leur concordance.

AVIS FINAL.

Je termine là le résumé de ce *nouveau système de météorologie* dont la première publication a tant remué le monde savant depuis quelques années, et surtout le monde fanatisé, dans le but de faire oublier l'auteur de cette révolution en s'affublant, comme toujours, de ses dépouilles. Vous devez savoir si les petitesses de tous ces gens-là m'occupent autrement que pour donner en passant quelques coups de fouet de pitié sur leurs mulets chargés de reliques et qui n'avancent presque qu'au moyen de quelques-unes de ces caresses et aiguillonnements plus sonores que piquants. S'ils se décident à me les rendre, c'est par une ruade sournoise qui arrive juste à propos lorsqu'ils sont distancés à perte de vue.

Alors ils font un bruit étourdissant dans tous les coins de la publicité larvée ; ils marchent par douze mille à la conquête de ce qui est déjà du domaine public ; ils se reconnaissent à un signe sacré et n'admettent au conclave que les reconnus aptes au royaume des cieux ; ils ont des tours de Babel pour escalader les cieux, et des montagnes de télescopes pour en enfoncer les portes, tandis que du haut de son quatrième étage, au-dessus de l'entresol, et l'œil armé d'une petite lunette, un simple particulier, comme vous et moi, ravit chaque jour au ciel un de ses mystères sans coûter un sou à l'État : il observe, pendant que les autres s'étourdissent ; il médite, pendant qu'ils intriguent ; il contemple le ciel, pendant qu'ils l'importunent de leurs prières pour eux et de leurs malédictions pour les autres, ce dont le ciel se moque autant que de leurs pronostications, *in secula seculorum.*

Quant à nous, marchons terre à terre : qui médite fait peu de bruit. Pensons n'avoir rien fait tant qu'il nous reste quelque chose à faire. Quelque progrès que nous ayons réalisé dans une voie de découvertes, ne nous imaginons jamais qu'un système ait dit son dernier mot : L'*almanach* s'est fait *calendrier*, il est devenu sérieux et grave; n'en faisons plus des *Étrennes à Iris*, des *Pronostications* à la Nostradamus, une macédoine enfin de *Contes de ma mère l'Oie*. Vous ne trouverez rien de tel dans celui-ci ; tant pis pour mon pays, si ce petit livre doit avoir moins de lecteurs que les autres; cela ne prouverait qu'une chose, que mon pays possède plus de petite monnaie que de véritables valeurs : Dieu me garde de le croire !

INONDATIONS

SURVENUES A LA FIN DE SEPTEMBRE 1866

L'almanach pour 1866 annonçait (page 136) *tempêtes et fortes marées du* 8 *au* 10, *mais surtout du* 22 *au* 26. Or, du 22 au 26, il est tombé en France une pluie tellement diluvienne, qu'ici notre hydromètre a recueilli 30 millimètres,78 d'eau pluviale, du 21 au 24 inclusivement : plus d'eau en quatre jours que pendant toute la durée de certains mois de l'année ; ce qui a occasionné le débordement des fleuves et des rivières, l'inondation de toutes les vallées, et les pays riverains de la Seine et de la Loire n'ont plus formé qu'un vaste lac. Paris eût subi le même sort sans les quais qui encaissent sa rivière. Pourquoi, pour les fleuves autres que la Seine, n'imiterait-on pas des quais au moyen de hauts chemins de halage? Un mélange de sable et de fer arrosé de temps à autre par de l'eau tantôt légèrement acidulée et tantôt alcalisée avec de la cendre ou de la chaux, forme en peu de temps un stuc homogène et aussi dur que le caillou, imperméable par conséquent aux infiltrations et inattaquable par les inondations les plus violentes.

Mais quelle est la cause de cette pluie diluvienne et de cette énorme quantité d'eau qui en cinq jours est venue fondre sur l'Europe ? Je ne crains pas d'avancer que nous en sommes redevables à l'apparition d'une comète, au moins sur l'hémisphère austral ou dans l'Indostan en proie en ce moment à la sécheresse et à la famine, pendant le mois d'août et une partie du mois de septembre, et à sa disparition dès le milieu du même mois.

Sans cette circonstance, ces cinq à six jours, du 22 au 26 septembre, eussent été pluvieux sans doute, comme la théorie l'indiquait d'avance, féconds même en tempêtes et fortes marées, mais non caractérisés par une telle élévation dans l'étiage des cours d'eau (Voyez, *Sur la face et le revers de l'apparition d'une comète*, la page 118 du présent Almanach).

Si les inondations ont été la conséquence d'une pluie diluvienne, si la pluie diluvienne a été la conséquence et la réaction de la disparition d'une comète, il est évident que la permanence des brouillards du commencement d'octobre n'a pu provenir que de l'évaporation de la nappe d'eau qui, par extraordinaire, a recouvert cette immense surface de terre. Sans cette circonstance, le ciel eût pu être dégagé de nuages et se montrer magnifique ; il ne nous a été caché que par ce rideau de vapeurs qui ont séjourné sur le sol et ne se sont pas élevées bien haut dans l'atmosphère.

TREMBLEMENT DE TERRE

DU 14 SEPTEMBRE 1866

Le 14 septembre 1866, à 5 heures 10 minutes du matin, on a ressenti, sur presque toute la surface de la France, une secousse plus ou moins forte de tremblement de terre. Nous avons expliqué ailleurs la théorie mécanique des tremblements de terre (*). Il faut distinguer, dans tout tremblement de terre, un foyer, qui est le lieu où se fait le craquement de la couche géologique ou le détachement du bloc qui roule dans une excavation, et puis l'irradiation des ondulations provenant de ce choc. Ces irradiations ondulatoires, cette secousse consécutive de l'explosion s'étendent, selon l'intensité du phénomène, à des distances fabuleuses : la secousse du tremblement de terre de Lisbonne, qui faillit engloutir toute cette ville il y a environ cent-onze ans, le 1er novembre 1755, fut ressentie jusqu'en Suède.

Le foyer du tremblement de terre du 14 septembre 1866 pourrait être déterminé par la convergence des diverses directions que la secousse a suivies dans les différentes localités de la France.

Il serait bon qu'il ne fût plus foré, à Paris, de puits artésiens jusqu'à la profondeur de celui de Grenelle. Le puits de Passy a dû nous apprendre, par l'énorme volume de sable qu'il vomissait, quel vide entre deux couches géologiques il devait se former à cette distance dans les entrailles de notre portion de terre ; de tels vides souterrains sont des occasions toujours menaçantes de craquements violents et, partant, de tremblements de terre.

Les tremblements de terre, en effet, ne sont pas des phénomènes météorologiques, mais tout simplement des accidents géologiques.

(*) *Revue complémentaire des sciences appliquées*, tom. III, pag. 243, mars 1857.

EXEMPLE

D'UNE

LEÇON QUOTIDIENNE D'HISTOIRE *

—

NAISSANCE ET MORT DE VOLTAIRE.

Cette année je vais vous parler de Voltaire : découvrez-vous, enfants! Il fut un temps où cet acte de respect était un acte de courage; aujourd'hui c'est un acte de piété filiale ; car de sa haute philosophie nous sommes tous un peu les héritiers et l'ouvrage.

§ 1. — *Date de la naissance de Voltaire.*

On a cru longtemps, sur la foi des biographes, que Voltaire était né le 21 novembre 1694; les biographes avaient puisé ce renseignement dans les registres de

* Dans les *almanachs* de 1865 et 1866, nous avons inséré les *Ephémérides des hommes et événements célèbres*, pour servir de cadre aux leçons quotidiennes d'histoire que l'instituteur devrait joindre aux leçons quotidiennes d'agriculture dont le *Calendrier républicain* leur offrait les titres dans la colonne de son *Agenda agricole*. Nous avions en même temps promis de donner chaque année un *specimen* d'une leçon quotidienne dont le sujet serait emprunté à l'histoire du passé. La leçon de 1866 avait eu pour sujet la bataille de Waterloo, ce triomphe de toutes les bassesses et de toutes les trahisons. Nous prendrons pour sujet cette année, certaines circonstances de la vie de Voltaire, grande et illustre mémoire que tous les efforts de 1815 n'ont pu effacer de la vénération des Français.

l'église paroissiale de Saint-André des Arts à Paris, où le faible enfant, qui fut plus tard l'immortel Voltaire, a été baptisé le 22 novembre 1694. A la date de ce jour, l'abbé Bouché, vicaire de cette paroisse, atteste que François-Marie Arouet était né la veille. L'abbé Bouché prenait ce fait sous son bonnet et sans plus ample information, ou bien sur la foi des parents qui redoutaient ses reproches pour avoir tant tardé à présenter cet enfant sur les fonts baptismaux.

Il est admis aujourd'hui que Voltaire est né le 20 février 1694; il naquit si débile, et en apparence si peu viable, que ses parents ne se décidèrent à le faire baptiser que plus tard..

§ 2. — *Singulière manière dont les registres de l'état civil étaient tenus par les prêtres.*

Au reste, les registres de l'état civil n'étaient pas tenus alors avec l'exactitude que l'on observe aujourd'hui: ils étaient entre les mains du clergé; chaque paroisse avait le sien, qui roulait çà et là dans les sacristies et souvent sur les chaises du salon du presbytère. Rien n'était plus facile que d'y ajouter ou d'en effacer: lorsque Dubois aspira à devenir cardinal, il n'eut pas grande peine pour faire déchirer son acte de mariage; il envoya au curé un de ses émissaires, qui n'eut qu'à amener tout doucettement et en conversant de choses et d'autres à table, le bon curé dans les vignes du seigneur, pour faire le coup convenu dans le registre oublié sur une chaise.

En outre, il arrivait souvent que ce livre servait à enregistrer tout autre événement qu'un acte de naissance, de mariage ou de décès : Dans les *Mémoires de Brienne,* Barrière rapporte avoir vu de ses propres yeux, en tête du registre de la paroisse de Saint-Paul à Paris, pour l'année 1642, l'étrange inscription que voici :

« *Chienne.*—La nuit d'entre le jeudi 9 et le vendredi 10 janvier 1642, qui était la fête de Saint Guillaume, ma bichonne fit deux chiennes et un chien. » Le bon curé y ajoute qu'il donna la plus petite et la plus belle et qu'il *coupa les oreilles aux deux autres* ; il oublie seulement de nous apprendre sous quel nom ils furent... j'allais dire baptisés, et de quels père et mère ils étaient issus ; nos éleveurs d'aujourd'hui n'oublient jamais de pareilles circonstances. Un des premiers actes de notre immortelle Révolution fut de substituer à ce mode d'inscription à tout hasard de la sacristie, l'inscription de l'état civil à la commune, sous la haute surveillance de l'autorité compétente. Revenons à la date de la naissance de Voltaire.

§ 3. — *Date du* 20 *février* 1694.

Condorcet a été le premier qui, dans la biographie de Voltaire, ait assigné cette date au jour de la naissance de Voltaire ; il tenait sans doute ce renseignement de Voltaire lui-même qu'il avait visité en 1777 et 1778. Ce fait a été mis depuis hors de doute par la publication de la correspondance de Voltaire (*) ; mais à tous ces témoignages posthumes, nous pouvons aujourd'hui en ajouter un autre gravé sur le bronze et qui a échappé à tous ses biographes.

Il s'agit d'une médaille qui fut faite et refaite trois fois, sous les yeux mêmes de Voltaire, par Georges Christophe Wæchter, habile graveur de l'Électeur palatin et que l'Électeur avait chargé de cette mission expresse auprès de Voltaire.

La première fois la médaille portait pour devise ce vers de la Henriade :

> Il soustrait les nations au bandeau de l'erreur.

L'orthodoxie de Genève s'alarma de l'apparence d'une équivoque allusion et obligea le graveur de substituer à ce vers, ces deux mots latins : *Orpheus alter*. Quant à Voltaire, il ne trouvait ni à l'une ni à l'autre des deux gravures, le mérite de la ressemblance. Wæchter se remit à l'œuvre une troisième fois et obtint cette fois le suffrage de Voltaire (**) ; c'est cette troisième édition dont nous avons sous les yeux un bel exemplaire, fleur de coin, et c'est de cette troisième que Voltaire disait : « Celle-ci vaut mieux, pourvu que le nez soit moins long et moins pointu. »

(*) Voyez ses lettres adressées à Damilaville et à Collini, à la date du 20 février 1765, et à une foule d'autres personnages.

(**) Voyez les lettres de Voltaire à Collini, son ancien secrétaire et resté toute sa vie son ami, à la date des 29 mars et 28 octobre 1769 ; 14 septembre 1770 ; tome LXXXVIII, LXXXIX et XC de l'édition de 1825 à 1832 en 97 volumes.

Or, ces trois médailles portent également, à la place de l'exergue, ces mots : VOLTAIRE, NÉ LE XX FÉVRIER MDCXCIV.

La dernière, que préférait Voltaire, est un grand bronze fauve et florentin de 58 millimètres de diamètre et de 3 millimètres d'épaisseur. D'un côté, le buste de Voltaire à mi-corps, avec l'exergue ci-dessus, et la signature G. C. WÆCHTER F. à la base, une moitié à gauche et l'autre à droite ; le cordon de cette face est une couronne de laurier. Sur l'autre face ou revers, figure un autel surmonté d'un trophée encyclopédique de sciences, de littérature et de poésie (*globe céleste, lyre, trompette de la Renommée, masques comique et tragique, caducée, exemplaire de la Henriade, canon et épée des batailles qu'il chanta, le tout entrelardé de laurier, d'olivier, de roses, de fleurs et rayonnant de gloire*). Sur la face de l'autel on lit ces mots : TIRÉ D'APRÈS NATURE AU CHATEAU DE FERNEY, G. C. WÆCHTER; et sur un cartouche au-dessous de la base : GRAVÉ MDCCLXX. Le cordon est une guirlande de palmes de roses et d'une fleur polypétalée que je n'ai pu déterminer.

La question de la date de la naissance de Voltaire ne pouvait être mieux déterminée que par cette médaille devenue infiniment rare, et que Condorcet avait peut-être sous les yeux, alors qu'il rétablissait cette date contrairement à la donnée de l'acte de baptême du 22 novembre.

§. 4. *Lieu de la naissance de Voltaire.*

Voltaire serait né dans la cour du Palais de Justice

à Paris, s'il fallait prendre à la lettre ce vers de son épître à Boileau :

> Dans la cour du palais je naquis comme toi.

Mais ce vers est un trope pour signifier qu'il aurait dû y naître, sans l'accident qui le fit naître ailleurs. Car Condorcet nous apprend qu'il est né à Chatenay-lez-Bagneux, petit village situé près de Sceaux, dans le département de la Seine ; Condorcet ne donne pas d'autre renseignement. Mais, en 1826, le 4 octobre, J. Clogenson, qui avait entrepris de publier les œuvres de Voltaire, eut l'excellente idée de visiter ce petit village, en compagnie de son éditeur Delangle, afin de se renseigner, à la source de la tradition, sur les circonstances qui se rattachaient à cet événement jusque-là peu explicable. Il y retrouva des braves gens qui avaient recueilli les souvenirs de vieillards morts à l'âge de quatre-vingts ans, et qui lui racontèrent que madame Arouet, revenant un jour d'une promenade au bois de Verrières, et passant par Chatenay, se sentit tellement indisposée, qu'elle dut faire arrêter sa voiture à la porte d'un sieur Marchant, de sa connaissance, comme occupant un poste honorable auprès du duc de Condé; et elle accoucha avant terme de celui qui devait être Voltaire, dans une des chambres de cette maison. Cette chambre fut conservée religieusement pendant nombre d'années; on pouvait la visiter encore en 1826, et elle le fut par Clogenson. La maison portait le n° 70 dans la *rue des Vignes* et faisait partie du domaine qui avait passé alors des mains du prince Borghèse dans celles de la comtesse Leborgne de Boigne, fille du marquis d'Osmont, pair de France. Voltaire, d'après la même tradition, se rendait souvent à Chatenay pour y visiter une demoiselle de la Martinière, qui probablement n'avait pas peu contribué à lui ouvrir les portes de la vie et qui habitait alors la maison portant le nº 63, sur une petite place. Ce sont là à peu près tous les renseignements que J. Clogenson recueillit en 1826 sur les lieux mêmes.

J'ai fait le même pèlerinage le 1er septembre 1864 ; mais je n'ai pas été aussi heureux que J. Clogenson. Notre époque est oublieuse; mais je n'aurais jamais cru qu'on pût se montrer si oublieux en ce qui concerne une aussi illustre mémoire. Vainement je demandai de porte en porte la *rue des Vignes*, nul ne la connaissait plus ; — la maison où naquit Voltaire, on la connaissait encore moins ; —la propriété de la comtesse Leborgne de Boigne ; — vous la voyez devant vous, me dit-on, la grille qui fait le fond de cette petite place. En me retournant j'aperçus dans une niche dressée au bord du toit qui fait l'angle de la petite place, le buste de Voltaire avec cette inscription : *Voltaire né à Chatenay ;* je me trouvais ainsi sur la place qui prit en 1793 le nom de *place Voltaire ;* aujourd'hui elle n'a plus de nom. J'étais donc bien près dès ce moment, sans doute, de la maison où Voltaire naquit fortuitement. —Comment peut-on s'y prendre, demandai-je encore, pour visiter la chambre où Voltaire est né? On me conseilla avec un sourire assez significatif, de m'adresser à une fenêtre grillée qui était celle *du* ou *de la* concierge, car à travers l'obscurité il m'était difficile de distinguer le sexe ; je n'en fus rien moins que bien accueilli; et, à ma demande de visiter la chambre où était né Voltaire, il me fut répondu par un *non* tellement arrêté, qu'il n'y avait pas moyen d'insister. En me retirant, mon attention fut fixée par une vieille maisonnette portant le n° 63 : c'était là sans aucun doute, la maison de Mlle de la Martinière; j'étais donc bien près de la *rue des Vignes ;* et précisément cette petite place, que je croyais une impasse, se continuait à gauche en une petite rue, entre la maison de cette demoiselle et le parc qui avait appartenu à la comtesse de Boigne. Je parcourus toute la petite rue : nulle part le n° 70; un passant m'en indiqua la place et m'apprit que la maison en avait disparu, que le nouveau propriétaire l'avait fait raser et qu'il n'en restait plus de vestige.— Et la commune n'a pas pris des mesures pour conserver ce monument ! m'écriai-je. — La commune, me répondit cet enfant des faubourgs de Paris, établi à Chatenay, la commune que vous visitez est à 70 lieues de la capitale.— Sur ce, je me hâtai de reprendre le chemin de Paris, après avoir bien examiné la maison qui, sur la *place ex-Voltaire*, porte le n° 63 (Clogenson dit 68): Rien ne ressemble à cette maisonnette comme les habitations espagnoles qu'on rencontre çà et là sur les routes du Brabant, et dont la date (du milieu ou de la fin du dix-septième siècle) est inscrite en grandes lettres de fer, qui servent de crampons ou *ancres* à l'extrémité des poutres du premier étage : Porte cintrée très-basse au-dessus d'un perron de quatre à cinq marches, une fenêtre cintrée de chaque côté; boutique de bourrelier au coin gauche; un seul étage avec une rangée de six fenêtres carrées, celle du dessus de la porte murée. Tout indiquait que cette maison est restée telle que du temps où elle était habitée par mademoiselle de la Martinière, et telle qu'elle fut à l'époque de sa fondation, pendant que l'Espagnol gouvernait la France de compte à demi avec la Ligue. Si les Anglais ou les Belges avaient chez eux de pareils souvenirs, ils les encadreraient dans une balustrade dorée.

§ 5. — *Vie de Voltaire.*

Vouloir raconter en ces quelques pages une vie de quatre-vingt-trois ans, dont presque chaque jour fut marqué par un chef-d'œuvre, quelle folie et quelle irrévérence ! 97 volumes in-8° suffisent à peine à la contenir. J'en ai, je crois, élucidé quelques difficultés dans la *Revue complémentaire des sciences appliquées* ; et ce long travail a remué un instant tellement d'idées nouvelles, que le besoin se fit sentir de les éteindre dans un feu d'artifice de quolibets sur ce grand homme : une seule des expressions de mon récit donna lieu à vingt publications : *le Roi Voltaire*, *les Rois de la philosophie*, etc. Bref, ce fut une rage de rois à cette époque, dans le cercle des productions littéraires faites pour les cabinets de lecture plutôt que pour les cabinets de lecteurs. Je renvoie les lecteurs sérieux à la *Revue complémentaire des sciences appliquées;* je ne pourrais ici que me répéter à ce sujet.

§ 6. — *Mort de Voltaire.*

Celui qui naquit avorton en 1694 aurait pu vivre jusqu'en 1794 et atteindre l'âge de Fontenelle ; tant, dans une pareille existence, la lame protégeait le fourreau ! tant le génie alimentait le corps ! Mais seize ans de luttes à soutenir encore contre ce colosse de la libre pensée, c'était une perspective vraiment alarmante : Le jésuitisme se sentait à bout de forces ; il résolut d'en finir par un crime avec celui qui avait jusque-là et si longtemps bravé toutes les attaques et toutes les persécutions.

Voltaire avait souvent manifesté en dernier lieu le désir de revoir, avant de mourir, ce Paris, le théâtre de ses succès et de son enseignement ; Paris, ce principal foyer alors de l'intelligence humaine, et dont le fanatisme officiel lui avait, depuis plus de quarante ans, interdit la porte.

Ses ennemis firent tout pour lui faciliter les moyens d'accomplir son pèlerinage, car on était prêt pour le piége et le traquenard.

La nièce de Voltaire, Mme Denis, ne s'était pas séparée de son oncle dans un autre but. En faisant épouser sa fille adoptive, *belle et bonne*, comme il l'appelait, au marquis de Villette, Voltaire avait dit : *j'ai fait deux heureux et un sage* ; il n'avait réellement fait que deux ingrats et un monstre d'hypocrisie. Rien ne va mieux aux projets du jésuitisme, en qualité d'instruments de ses sinistres projets, que les cyniques et les libertins ; et chacun connaît aujourd'hui jusqu'où s'élevait, sur ce point, le cynisme de Mme Denis et du prétendu marquis de Villette (*) ; ce cynisme était gravé sur ces deux visages en boutons de feu.

Voltaire arrive à Paris ; le bruit s'en répand ; tout Paris accourt à cette bonne nouvelle ; l'enthousiasme de la foule le suit partout, l'acclame partout ; la noblesse rivalise avec le peuple, et quel peuple que celui de Paris à cette époque ! Le fanatisme en rugissait dans son isolement ; mais il se dédommageait de sa déconvenue par son fameux *patience !* et sa patience ne fut pas mise à une longue épreuve.

Voltaire, en descendant à l'hôtel de Villette (c'est aujourd'hui l'hôtel qui fait l'angle du quai Voltaire et de la rue de Beaune), s'était laissé prendre juste au traquenard organisé de loin. Villette, dont Voltaire avait rétabli la fortune en dotant *belle et bonne* de ses propres deniers, Villette eut soin de loger Voltaire au fond de la cour, dans un maudit entresol où le grand homme ne pouvait travailler qu'à la lampe, même en plein jour : Il eût été dangereux, pour le plan concerté, de lui céder un appartement ayant vue sur le quai.

Dès ce moment, on n'arriva plus auprès de Voltaire qu'avec l'assentiment de Villette et de la Denis.

Il restait à Voltaire un fidèle serviteur, que dis-je ? un secrétaire, un ami, le bon Wagnières. Voltaire n'avait

* Il était fils du trésorier-général de l'extraordinaire des guerres, en 1763, plus tard aide-major des logis de l'armée et chevalier de Saint-Louis. Peu de temps avant sa mort, ce Villette père avait acheté un marquisat. A cette époque, et par le même procédé, un valet pouvait devenir marquis comme son maître.

autour de lui personne autre à qui il pût confier la mission intime d'aller lui prendre à Ferney des papiers dont il avait besoin; il a le malheur de charger Wagnières de ce soin. Dès ce départ les deux amis n'entendent plus parler l'un de l'autre ; leur double correspondance est interceptée par Villette et la Denis; et le complot a ses coudées franches. Voltaire comprend le piége et demande un notaire pour légaliser ses dernières volontés: la porte est fermée au notaire; mais elle est furtivement ouverte à un prétendu apothicaire qui apporte une potion ; Voltaire refuse de la prendre. On veut triompher de sa résistance au moyen d'une assez forte dose d'opium ; l'opium tarde de produire son effet : on en arrive presque à la violence à force d'obsessions. Le grand homme à la santé de fer n'est plus dès lors qu'un roseau entre les mains des complices; et la longue agonie de Voltaire devient une torture morale : On laisse entrer un abbé énergumène qui, le poing levé, ose ordonner à Voltaire de rétracter ses écrits ; on laisse entrer l'abbé Gauthier qui, avec plus de formes, avec des menaces plus dissimulées, lui met sous les yeux la formule de rétractation et l'alternative d'être jeté, après sa mort, à la voirie, en sa qualité d'impie et de mécréant. Voltaire tenait alors au préjugé de l'inhumation, à l'illusion que nous avons un peu tous de pouvoir reposer dans la tombe ; il est peu de têtes les mieux organisées qui ne reculent d'horreur à la seule pensée d'être traîné après sa mort sur une claie, et d'être jeté à la voirie, au coin de la borne ou dans un égout, à l'instar d'un animal immonde ; or, c'était alors le sort réservé à un Molière, à un Voltaire par la gent porte-soutane-et-rabat de ce temps-là ; c'était un sacrifice humain à offrir au dieu de ces thugs de l'époque. Voltaire, ainsi placé entre ses convictions et ses appréhensions, usait de faux-fuyants, amusait le tapis avec toutes les ressources de son esprit, discutait les conditions, prenait du temps jusqu'au retour de Wagnières ; mais enfin, en proie aux tortures de l'agonie, le grand homme ne se démentit jamais et il expira dans la plénitude de ses croyances et de sa gloire. Le fanatisme en fut quitte pour se retirer tout déconcerté et confus.

§ 7. — *Partage de la fortune princière de Voltaire.*

A peine Voltaire avait-il rendu le dernier soupir, que le Villette et la Denis se jettent comme deux harpies sur les papiers de leur bienfaiteur et de leur père adoptif, fouillant par-ci par-là pour retrouver les deux testaments dont ils soupçonnaient l'existence ; ils brûlent le dernier qui déshéritait la Denis, et retrouvent le premier qui l'avantageait et que Voltaire avait oublié de brûler. Dans leur féroce joie, ils se partagent à eux deux cette fortune ; Villette, sans bourse délier, reçoit pour sa part le domaine de Ferney, un domaine de prince, et il a hâte d'en faire une spéculation ; il enferme le cœur de Voltaire dans une urne de fayence qu'il dépose à Ferney, afin d'y attirer les acheteurs. Quant au corps, le simple bon sens indiquait assez que, pour le soustraire à la juridiction cléricale, on n'avait qu'à le conduire en poste à Ferney et à le déposer dans le caveau que Voltaire s'y était fait construire. Mais, c'eût été l'exposer à la vénération du monde, et y voir affluer la foule de ses admirateurs.

§ 8. — *Inhumation subreptice de Voltaire.*

Le clergé et les héritiers s'entendent pour jouer une petite comédie et laisser croire au public attristé qu'on avait obtenu une concession équivalente à une satisfaction envers l'opinion publique. On emballe à la hâte le corps dans une bière de sapin; l'abbé Mignot, un des neveux de Voltaire, le conduit en poste à l'Abbaye de Scellières près de Troyes, abbaye dont il était Abbé commendataire; on l'y ensevelit à la sourdine; les réclamations de l'ordinaire arrivent vainement à la suite et se brisent devant le fait accompli; le tour était joué à la tristesse publique; de si peu que ce fût, l'Église était vengée.

§ 9. — *Attitude de Mme Dupuits (Mlle Corneille), et de Belle-et-Bonne (Mme de Villette) pendant l'agonie et après la mort de Voltaire.*

Pendant ce lent assassinat, que faisaient donc et Mme Dupuits, que Voltaire avait dotée du produit de son édition de Corneille, et Mme de Villette, la seconde de ses filles adoptives, qu'il avait immortalisée du doux surnom de *belle-et-bonne*, alors qu'elle n'était encore que Mlle de Varicourt ? On ne rencontre ni l'une ni l'autre autour du lit où se mourait leur père adoptif.

Quant à Madame Dupuits, on n'en entend plus parler dans l'histoire ; elle s'est perdue dans l'oubli du nom de Voltaire. Madame de Villette, on la voit figurer un instant, comme comparse, dans la petite scène de comédie que le Villette donna sur le passage de l'apothéose de Voltaire, le 10 juillet 1791; ce fut la dernière scène que le marquis de Villette joua ; il avait pris ainsi un certificat de civisme; il mourut en 1793, épuisé par ses excès en tout genre.

Nous retrouvons Madame de Villette en 1819, présidant, le 9 février, une loge maçonnique d'adoption, qui s'institua, sous le surnom de *belle-et-bonne*, dans l'hôtel de Villette même. On l'a questionnée plusieurs fois sur l'énigme encore inexpliquée des fenêtres du premier étage de l'hôtel de Villette qui sont restées fermées pendant quarante ans après la mort de Voltaire; elle n'a jamais su expliquer le sens et la cause de cette énigme ou de ce remords. Elle est morte dans le giron de l'Église, en 1822, à l'âge de soixante-quatre ans.

§ 10. — *Le dernier des Villette s'avouant ouvertement jésuite.*

Un procès célèbre nous a révélé, en 1862, que le fils de *belle-et-bonne* avait été élevé par les jésuites, à qui, par un fidéicommis et par l'intermédiaire d'un évêque, il avait eu l'intention, en mourant, de laisser tout son héritage, au détriment de ses héritiers naturels. C'est entre les mains de ce Villette, s'avouant fervent jésuite, qu'étaient restés en dépôt et abandonnés dans un grenier, et le *cœur de Voltaire* et une caisse de papiers qui, d'après les volontés du grand homme, ne doivent voir le jour que cent ans après sa mort.

Les tribunaux ont fait justice du fidéicommis; et les héritiers, mis, par ce jugement, en possession de la fortune du dernier des Villette, c'est-à-dire de la fortune de Voltaire, ont joint aux honoraires de leur avocat, le *cœur de Voltaire* et la caisse de ses papiers. L'avocat a eu hâte de se décharger de ce fardeau sur les épaules de l'Académie; celle-ci en a reculé de toute son orthodoxie, et a remis le tout entre les mains de l'autorité, laquelle a déposé le *cœur de Voltaire,* le 10 décembre 1864, à la bibliothèqne de la rue de Richelieu, au département des médailles. Pourquoi pas au Panthéon, demanderez-vous, et dans le tombeau que la grande Convention acclama à Voltaire?—C'est que, depuis 1815, ce tombeau n'est plus qu'un cénotaphe, et que le corps de celui dont le nom est immortel a été jeté à la voirie vers cette époque odieuse, en même temps que le corps de J.-J. Rousseau.

Depuis lors, la France n'a rien fait pour retrouver ces restes vénérés et les rendre à la sépulture; c'est là un devoir sacré, une expiation publique du crime de quelques-uns, qui incombe à l'époque présente:

Sedibus ut saltem placidis in morte quiescant.
(VIRG., ÆN. VI, 371.)

Qu'au moins après leur mort ils reposent en paix!!!

MARIE CAPPELLE (Mme LAFFARGE)

ET LE JOURNALISME.

Vous aurez sans doute remarqué que le journalisme se prend de temps à autre d'un bel engouement envers cette cause célèbre.

Est-ce pour nous révéler quelque preuve nouvelle? Pas le moins du monde ; la dernière relation est la copie fidèle. quoique plus ou moins écourtée, de la relation qui, de la *Gazette des Tribunaux*, a circulé depuis vingt-sept ans dans tous les journaux du monde ; et la *Gazette des Tribunaux* est de temps immémorial impitoyable envers les condamnés : *væ victis* !

Pourquoi donc tout ce bruit qui se fait presque périodiquement dans la presse autour d'une tombe, si cette tombe renferme les restes d'une coupable justement flétrie par la loi ? Pourquoi troubler ainsi pour la vingtième fois le repos de celle qui aurait payé une si longue fois sa peine dans les larmes et dans le repentir ?

Est-ce parce que l'opinion publique croit désormais à son innocence, et que la presse, qui a été si longtemps l'écho de la flétrissure de cette infortunée, tient à maintenir son bien jugé au lieu de reconnaître ses torts ?

Il y a sans doute quelque remords au bout de cette plume périodique, et dans ces diverses éditions ni corrigées ni augmentées ; car pour quiconque se donne la peine de lire ce que la presse périodique évite de publier, il est clair comme le jour, aujourd'hui, que la condamnation qui a frappé cette intéressante victime est une des plus graves erreurs judiciaires dont l'histoire fasse mention ; vu que la condamnation ne fut enlevée que sur un témoignage convaincu dès le lendemain de mensonge et d'une flagrante fausseté; or le faux témoin n'a jamais osé recourir aux moyens légaux pour se défendre de cette accusation portée contre lui en ces termes, jusques aux pieds de la justice : 1° *L'arsenic* prétendument *trouvé par Orfila dans les restes de Laffarge, n'existait que dans les réactifs qu'Orfila avait apportés tout exprès de Paris pour procéder à l'analyse. 2° Eût-on réellement trouvé de l'arsenic dans les restes exhumés de Laffarge, cela n'aurait pas établi l'existence d'un empoisonnement criminel ; car nulle précaution n'avait été prise pour que le hasard ou la malveillance des ennemis acharnés de cette jeune femme n'en eussent pu introduire dans le cadavre, à une époque quelconque de ces longs débats.*

Voilà la double thèse soutenue devant l'opinion publique, d'abord dans une lettre reproduite par tous les journaux de l'univers, et ensuite, devant la Cour de cassation, dans un mémoire imprimé qui n'a soulevé aucune réplique.

Or trouvez-vous une mention de rien de semblable dans les divers comptes rendus de cette cause célèbre? — Pas même l'ombre, pas même une allusion.

Dans une de ces dernières reproductions, j'ai vu le rédacteur confondre la lettre qu'il cite en l'estropiant, avec le *Mémoire à consulter ;* preuve évidente que le plumitif ne s'est donné la peine de lire ni l'un ni l'autre de ces deux écrits, séparés par un mois de distance.

La lettre parut le lendemain de mon retour à Paris; Orfila en fut atterré, il y gagna une extinction de voix.

Me Paillet, qui s'y trouvait un peu impliqué, accourut chez ce doyen pour aviser aux moyens de sauvetage :

— Avez-vous lu la lettre, dit Me Paillet.

— Oui.

— Que comptez-vous faire?

— Rien.

— Comment, rien? vous n'y pensez pas sans doute! Ou M. Raspail se trompe, et vous devez l'attaquer en justice, et la justice ne vous fera pas défaut; ou il dit vrai, et alors vous êtes à votre tour un grand coupable; car c'est sur votre parole accusatrice, et convaincu de la culpabilité de la pauvre condamnée, que j'ai plaidé sans toucher de trop près à la question du fond. J'ai peu défendu l'accusée; je me suis attaché à faire valoir la femme spirituelle et aimable, l'écrivain épistolaire d'un mérite exceptionnel; je n'ai enfin plaidé que les circonstances atténuantes, regardant comme le seul triomphe possible, la chance de soustraire sa tête à l'échafaud, sauf à l'abandonner vivante à l'infamie. Pour vous tirer d'un certain embarras qui semblait être votre cauchemar, j'ai déclaré devoir me retirer de la défense, si M. Raspail était appelé aux débats; et pourtant, si M. Raspail avait dit aux débats ce qu'il publie avec une telle assurance dans les journaux, ma plaidoierie n'eût pas été longue, mais elle aurait été toute autre; et la malheureuse jeune femme eût été acquittée et réhabilitée solennellement. Il y a là, dans cette alternative, de quoi mourir, non de remords (j'étais de bonne foi), mais de regrets; et vous ne bougez pas! décidez-vous à répondre!

— Je ne répondrai pas.

— Alors il ne me reste qu'un parti à prendre, qui est de me joindre à M. Raspail, pour plaider devant la Cour de cassation sur des bases honnêtes et nouvelles. »

Et de ce pas, Me Paillet alla se concerter avec MMes Davenne et Lanvin, avocats à la Cour de cassation, avec lesquels je m'étais déjà mis en relation sur cette affaire.

Me Paillet avait l'âme honnête, ce qui n'est pas très-rare au palais, il était de bonne foi; mais le rôle que sa conviction égarée un instant lui avait fait jouer en cette affaire, lui pesait tant sur le cœur, qu'il ne put résister à la tentation de le gazer, d'atténuer l'effet de la révélation, et d'amortir le choc de l'explosion que la lettre avait produite dans l'opinion publique : il adressa aux journaux une lettre de plainte plutôt que de dénégation. Je répondis en posant la question sur son véritable terrain, lequel dans ma lettre n'avait pas dépassé une ligne, et tout finit là.

A côté de la lettre de Me Paillet, se pavanait en manches oratoires une plus longue lettre d'un avoué d'alors et alors avocat en herbe; celle-là je l'écartai d'un coup de plume.

En même temps le télégraphe épouvantait la pauvre Marie Cappelle, que la défense avait jusque-là tenue pour ainsi dire en tutelle.

A Tulle, Orfila avait été visiter l'accusée dans sa cellule ; et, de sa voix la plus lugubre, il lui avait fait entendre qu'elle était perdue, si elle appelait M. Raspail à son secours.

De Paris on lui marquait qu'elle était perdue si Me Paillet se retirait de la défense.

Elle m'écrivit une lettre que je publiai pour mettre sa responsabilité à couvert, et à laquelle je répondis publiquement pour la rassurer et pour maintenir mon attitude ferme et carrément posée; et tout ce feu et tout ce bruit concerté s'en alla en fumée.

Mon *Mémoire à consulter* parut (*) ; il fut distribué à la Cour de cassation :

« Je vous remercie, m'écrivit Me Paillet, et de la lettre que vous m'avez fait l'honneur de m'écrire; et de l'exemplaire de votre mémoire qui l'accompagnait.

(*) *Accusation d'empoisonnement par l'arsenic. — Mémoire à consulter à l'appui du pourvoi en cassation de dame Marie Cappelle, veuve Lafarge, sur les moyens de nullité que présente l'expertise chimique dans le cours de la procédure, qui vient de se terminer par l'arrêt de la Cour d'assises de la Corrèze, le* 19 *septembre* 1840; *rédigé à la requête de la défense*, par F.-V. Raspail. — Paris, 1er octobre 1840, in-8° de IV-172 pag.

Vous avez su, dans une discussion vive et logique, mettre la science à la portée de tous les lecteurs ; et vos observations philosophiques donnent à une cause, déjà si grave par elle-même, toute l'importance d'une question d'ordre public et d'intérêt général. »

A la Cour de cassation, le jour de l'audience, la majorité nous était acquise ; chaque membre tenait à la main un exemplaire de ce mémoire. Mais malheureusement une boutade de M. Dupin, procureur général siègeant dans l'affaire, dérangea la situation :

« Sans aucun doute, Messieurs, s'écria-t-il, si les jurés de Tulle avaient jugé d'après la chimie, le mémoire de M. Raspail à la main, je n'hésiterais pas à vous demander la cassation de l'arrêt qui condamne Marie Cappelle, veuve Laffarge. Mais est-ce que les jurés entendent la chimie? Ils ont jugé d'après les preuves morales et ont formé leur conviction sur les témoignages produits à l'audience. Est-ce que la marquise de Brinvilliers a été condamnée d'après la chimie? »

Ce mouvement oratoire produisit un déplorable effet; la Cour se partagea moitié pour et moitié contre le pourvoi, et le déplacement d'une voix fit pencher la balance contre la pauvre infortunée.

Or la balance avait trébuché sous le poids de deux inexactitudes; car les jurés de Tulle ne s'étaient prononcés que sur l'assertion d'Orfila; le préfet qu'ils avaient consulté leur avait répondu : *vous ne pouvez avoir de meilleur guide.* D'un autre côté rien n'est prouvé en histoire comme le fait que la Brinvilliers a été condamnée exclusivement d'après les preuves chimiques, et sur le rapport extrêmement détaillé des apothicaires jurés qui étaient les experts chimistes de l'époque.

Eh bien, rappelez-vous maintenant ce que vous avez lu : les journaux vous parlent-ils de toutes ces circonstances? vous citent-ils les preuves qui établissent aux yeux des hommes sérieux et de bonne foi, aussi clair que la lumière du soleil, que l'infortunée Marie Cappelle a été vouée à l'infamie d'après un frauduleux témoignage, d'après un coupable témoignage? — Sur tout cela profond silence. Car les journaux ne pourraient vous en parler qu'en rendant justice à un nom qu'ils sont chargés de taire ou de ridiculiser; et il n'est pas le plus petit étourneau de l'entre-filet qui se fasse faute de ces deux missions dans l'occasion plus ou moins favorable, surtout dans ces journaux qui, pour avoir le plus de lecteurs à un sou, ont adopté cette devise : *soyons bêtes, Messieurs, la vogue est à ce prix*; et la vogue rit de ce trait décoché à son adresse comme en s'y mirant dans une glace. Au reste, puisque les gens d'esprit peuvent être bêtes sans déroger, pourquoi les bêtes ne seraient-ils pas gens d'esprit sans s'en douter, et pourquoi le sou qu'ils sacrifient n'aurait-il pas autant d'esprit que le coup de plume que ces messieurs leur décochent? Quoiqu'il en soit, l'échec subi devant la Cour de cassation, fut un triomphe devant l'opinion publique; bien peu de gens continuèrent à mettre en doute l'innocence de Marie Cappelle. La justice de son côté renonça, presque dès cette époque, de faire intervenir devant les tribunaux un expert si habile à trouver de l'arsenic en masse, là où d'autres n'en avaient pas décelé la moindre quantité.

Cet homme ne s'est jamais relevé de cette chute : il voulut, le lendemain du prononcé de cet arrêt, entamer une polémique timide devant le public savant; ce fut là une de ses plus grandes maladresses. En lisant la *Gazette des hôpitaux*, le doyen, qu'avait supplanté Orfila, disait avec une certaine pointe de malice; « mon successeur avait fondé sa réputation sur l'arsenic; c'est l'arsenic qui le tuera. »

Et désormais la justice se tint en garde contre les

princes de la science et contre les expertises à grands effets.

Un autre avantage obtenu dans cette affaire, ce fut que le parquet prit dès lors la résolution de ne publier l'acte d'accusation qu'à l'ouverture des débats, en face de la défense chargée de le contredire et d'en contrebalancer le poids. Par suite de cette mesure l'opinion publique ne pouvait plus se former pour ou contre que d'une manière contradictoire et dans un combat à armes égales.

Je finis : mais trouvez-vous que j'aie assez fait justice, en ce peu de mots, de l'engouement de la presse pour la partie scandaleuse de ce célèbre procès?

Non peut-être, et vous me demanderez quel but se proposent les journaux, en reprenant un sujet sur lequel il n'y a plus à revenir aux yeux de ceux qui se donnent la peine de recourir aux sources, et quel est le vrai mobile de ces fréquentes réapparitions.

Un mobile laisse toujours un petit bout d'oreille s'échapper par hasard; en ceci ce petit bout d'oreille a tout l'air d'une réclame et je vais vous le sortir tout-à-fait : Il suffit qu'on ait une lettre autographe de l'illustre condamnée, pour qu'on éprouve la démangeaison d'en faire part à ses connaissances intimes, et, si l'on est actionnaire d'un journal, aux abonnés de la feuille. Une telle lettre de la part d'une femme d'autant d'esprit est un brevet d'intelligence; et un seul mot de la pauvre condamnée rehausse aux yeux du public jusqu'à ses accusateurs. Or, où l'enchasser plus à propos et plus à profit pour soi que dans le compte rendu d'une vingtième édition de cette cause célèbre?

Je suis loin de blâmer cette petite jouissance d'amour-propre; mais permettez-moi, en finissant, de dire à ces honorables possesseurs d'autographes :

« Si vous honorez ses reliques, soyez conséquents,

réhabilitez sa mémoire; et ne jetez pas la pierre de vomaladroits quolibets à ceux qui ont établi son innoscence, alors que ses défenseurs eux-mêmes n'y croyaient pas. Agir autrement n'est-ce pas une coupable *étourderie* d'écrivain ou un parti pris plus coupable encore? — Car il n'est pas désintéressé. »

Curieuses et Nouvelles

MÉTAMORPHOSES VÉGÉTALES

Il s'agit d'un théorème dont j'ai posé les premières assises, en 1864, dans mes NOUVELLES ÉTUDES SCIENTIFIQUES ET PHILOLOGIQUES page 51 * Il s'agissait d'établir l'étrange et hardie proposition suivante : « les lentilles d'eau ne sont qu'un état exceptionnel d'émigration d'une plante connue ailleurs sous un autre nom. » Comme je dois abréger et non me répéter, je renvoie le lecteur à cet ouvrage, pour se mettre au courant des anciens résultats; et j'arrive à ceux de fraîche date et que je viens d'obtenir tout récemment.

Dans le livre que je viens de citer, j'ai posé le théorème à démontrer en ces termes : le *Lemna minor* se transforme en cresson, dès qu'une fois la sommité de sa racine (sommité qui est un bourgeon caulinaire) parvient à s'appliquer sur le talus du ruisseau et à y prendre terre, et l'autre espèce (*Lemna trisulca*) se développe sous la forme du *Calliriche*, dès que sa racine vient à rencontrer également la terre recouverte d'une nappe d'eau.

Or, cette année 1866, dès le mois d'août, la démonstration semble avoir fait un nouveau pas sous mes yeux, grâce à l'heureux concours de circonstances tout à fait fortuites.

J'avais fait une cressonnière au moyen d'une auge en pierre qu'alimentait un filet d'eau continu. Le cresson y venait très-beau, tant que le fond de la cressonnière fut garni d'une couche de vase ou de bonne terre et que le filet d'eau conserva son volume. Mais il arriva un jour où l'eau ne coula plus que goutte à goutte et où la vase du fond fut remplacée, je ne sais comment, par du gravier ou sable de rivière; *felix culpa!*

Dès cet instant, le cresson, qu'on y avait planté au moyen

* NOUVELLES ETUDES SCIENTIFIQUES ET PHILOLOGIQUES (1861-1864); par F. V. Raspail, in-8°, de VIII-403 pag. avec 10 planches sur cuivre ou sur pierre dessinées et gravées par son fils BENJAMIN RASPAIL.

des racines de cette plante, arrêta son développement à la surface de l'eau et ne la dépassa plus; en sorte que les feuilles de l'extrémité des rameaux, en se pressant les unes contre les autres, finirent par former comme une croute verdoyante composée d'unités lenticulaires absolument analogues à des *Lemna minor;* on pouvait juger de la ressemblance par la comparaison d'un groupe de *Lemna* qui végétait côte à côte avec ses caractères ordinaires.

La pénurie d'éléments nutritifs fit que les racines du cresson, ne trouvant pas à se nourrir dans le gravier, se multiplièrent en un chevelu dans la nappe d'eau; elles s'y dichotomisèrent à l'infini en un feutre verdoyant, comme tout ce qui végète à la lumière, et un feutre si épais et si inextricable qu'en séchant hors de l'auge d'où je l'extrayais, il formait tissu. Ce feutre radiculaire et verdoyant, entièrement composé par le chevelu d'une plante aquatique, a certainement été pris pour une conserve (le *Thorea ramosissima* par exemple, ayant l'air d'une écume verte à la surface des eaux croupissantes. Mais dans un autre coin de la même auge, végétait une certaine quantité de *Callitriche* d'un côté; et de l'autre, une touffe de *Lemna trisulca* transformé; le *Callitriche* étalant ses rosaces terminales de feuilles opposées, croisées au bout de longues tiges dénudées de feuilles, et le *Lemna trisulca* étalant, au bout de tiges de la même longueur, ses rosaces également de feuilles opposées, croisées parallèlement à l'axe, au lieu que les feuilles du *Callitriche* lui sont perpendiculaires. Ces *Lemna* avaient leur racine dans le fond de l'eau et étalaient leur rosace à la surface; elles formaient transition entre le *Lemna* bien caractérisé et le *Callitriche*, dont, par le port et la tendance, elles se rapprochaient de la manière la plus frappante : Car de chaque côté d'une feuille de *Lemna* sortait, non plus une feuille sessile, mais un pédoncule aussi long que la tige d'un *Callitriche* (10 centimètres environ), terminé par une feuille des deux flancs de laquelle sortait un nouveau pédoncule de la même longueur que le premier, et qui, en dernier lieu se terminait par une rosace de feuilles issues des flancs de la feuille terminale comme dans les *Lemna*, mais formant rosace, comme dans les *Callitriche*, et s'amincissant et se modifiant pour se rapprocher de la forme des feuilles de cette dernière plante. Au reste, dans leur état respectif et caractéristique, il est facile de constater une grande analogie de coupe, de structure et d'aspect entre les feuilles, du *Callitriche* et celles du *Lemna trisulca*; elles offrent toutes les deux trois nervures convergentes, qui font saillie sur leur face supérieure et éclairée, et sillon sur leur surface, inférieure et obscure.

Vous voyez que ces nouveaux faits nous conduisent comme par la main à une démonstratiou complète. Les premiers étaient des pressentiments du vraisemblable ; ces nouvelles données, introduites dans le théorème, semblent ne plus attendre qu'une formule plus exacte ou plus élégante de démonstration : je continue à la chercher.

TABLE DES MATIÈRES

—

Clichy. — Imp. de Maurice Loignon et Cie, 12, rue du Bac-d'Asnières.

www.ingramcontent.com/pod-product-compliance
Lightning Source LLC
LaVergne TN
LVHW012004220826
846092LV00001B/235